できたよ★シート

べんきょうが おわった ページの ばんごうに
「できたよシール」を はろう!

なまえ

1 2 3 4

9 8 7 6 5

その ちょうし!

さんすうパズル

10 11 12 13 14

19 18 17 16 15

20 21 22 23 24 25

31 30 29 28 27 26

32 33 34 35 36 37

38

1年たしざん・ひきざん

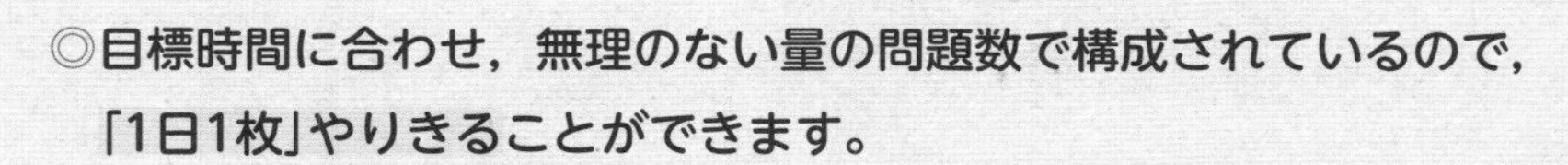

やりきれるから自信がつく！

✓ 1日1枚の勉強で，学習習慣が定着！

◎目標時間に合わせ，無理のない量の問題数で構成されているので，「1日1枚」やりきることができます。

◎解説が丁寧なので，まだ学校で習っていない内容でも勉強を進めることができます。

✓ すべての学習の土台となる「基礎力」が身につく！

◎スモールステップで構成され，1冊の中でも繰り返し練習していくので，確実に「基礎力」を身につけることができます。「基礎」が身につくことで，発展的な内容に進むことができるのです。

◎教科書に沿っているので，授業の進度に合わせて使うこともできます。

✓ 勉強管理アプリの活用で，楽しく勉強できる！

◎設定した勉強時間にアラームが鳴るので，学習習慣がしっかりと身につきます。

◎時間や点数などを登録していくと，成績がグラフ化されたり，賞状をもらえたりするので， 達成感を得られます。

◎勉強をがんばると，キャラクターとコミュニケーションを取ることができるので， 日々のモチベーションが上がります。

学研 毎日のドリルの使い方

1 1日1枚，集中して解きましょう。

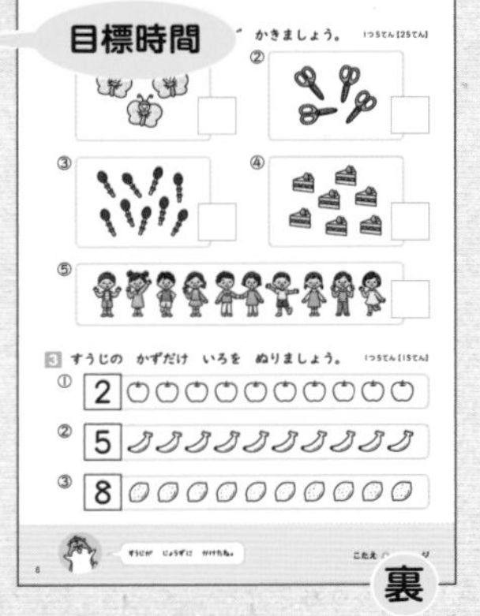

10までの かず
1 10までの かず①
月 日 とくてん てん 10

1 かずを かぞえて，すうじで かきましょう。 1つ6てん【60てん】
① 1 1
② 2 2
③ 3 3
④ 4 4
⑤ 5 5
⑥ 6 6
⑦ 7 7
⑧ 8 8
⑨ 9 9
⑩ 10 10

かきましょう。 1つ5てん【25てん】
②
③
④
⑤

3 すうじの かずだけ いろを ぬりましょう。 1つ5てん【15てん】
① 2
② 5
③ 8

すうじが じょうずに かけたね。

◎**1回分は，1枚（表と裏）です。**

1枚ずつはがして使うこともできます。

◎**目標時間を意識して解きましょう。**

アプリのストップウォッチなどで，かかった時間を計るとよいでしょう。

・巻末の「まとめテスト」で，この本の内容が身についたかを確認できます。

2 おうちの方に，答え合わせをしてもらいましょう。

こたえとアドバイス

おうちの方へ
▶まちがえた問題は，何度も練習させましょう。
▶アドバイスも参考に，お子さまに指導してあげてください。

1 10までの かず① 5・6ページ
1 ① 111111 ② 222222 ③ 333333 ④ 444444 ⑤ 555555 ⑥ 66666 ⑦ 77777 ⑧ 88888 ⑨ 99999 ⑩ 1010101010
2 ①3 ②4 ③9 ④7 ⑤10
3 ① ② ③

アドバイス 10までの数の学習です。動物や果物などの具体物と，「いち」，「に」，「さん」，…などの数詞，数字の関係をよく理解させましょう。
3 左から順にぬらせましょう。

2 10までの かず② 7・8ページ
1 ①5に○ ②8に○
2 左から 1, 2, 3, 4, 5, 6, 7, 8, 9, 10
3 ①2 ②1 ③0
4 ①4に○ ②5に○ ③7に○ ④10に○
5 ①左から 4, 7 ②左から 6, 10 ③5 ④9
6 ①3 ②0 ③1

アドバイス 10までの数の大きさ，並び方，0という数の学習です。
3 「1つもない」とき，0と表すことをよく理解させましょう。
4 わからなければ，おはじきなどを数だけ並べて比べさせましょう。
5 このような問題では，まずいくつずつ増えて（減って）いるか確かめることが大切です。ここでは，どれも1ずつ増えています。

3 いくつと いくつ① 9・10ページ
1 ①4 ②3 ③2 ④1
2 ①5 ②4 ③3 ④2 ⑤1
3 ①6 ②5 ③4 ④3 ⑤2 ⑥1
4 ①1 ②3
5
6 ①2 ②1 ③2 ④5 ⑤2 ⑥4

アドバイス 5，6，7のそれぞれの数の構成（いくつといくつ）を理解します。例えば5であれば，「5は3と2」という数の分解の見方と，「3と2で5」という数の合成の見方があります。数をこの両面からとらえられることが大切です。
4 場面が読み取れなければ，例えば①なら，「6は5といくつ」または「5といくつで6」と聞いて考えさせましょう。

85

・本の最後に，「こたえとアドバイス」があります。

・答え合わせをして，点数をつけてもらいましょう。

できなかった問題を
解き直すと，
より力がつくよ！

3 「できたよシート」に，「できたよシール」をはりましょう。

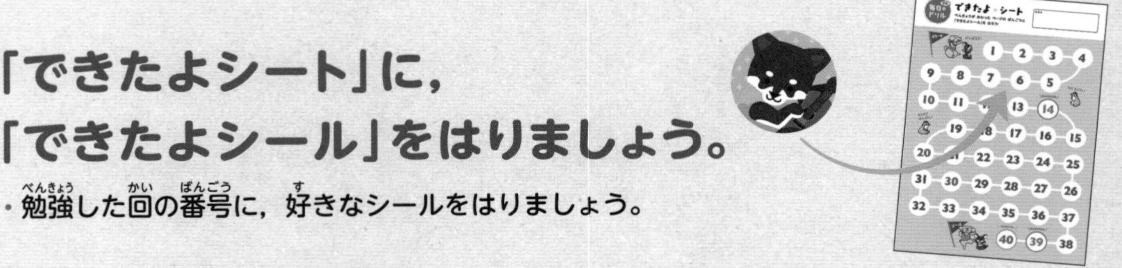

・勉強した回の番号に，好きなシールをはりましょう。

4 アプリに得点を登録しましょう。

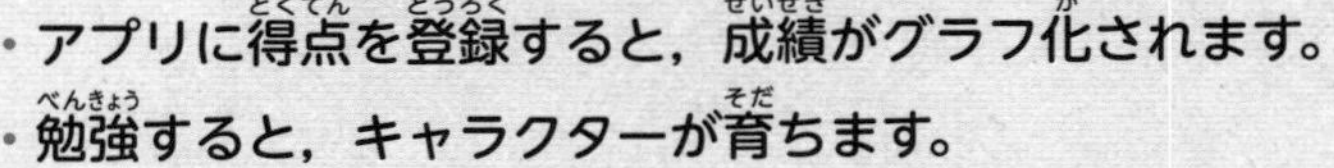

・アプリに得点を登録すると，成績がグラフ化されます。

・勉強すると，キャラクターが育ちます。

無料ダウンロード
毎日のドリル
勉強管理アプリ
アプリといっしょだと，ドリルが楽しく進む!?
コンコン
ぼくのヘや
今日の分の毎ドリ終わった?
今やってるところー
うそはいけないっきゅ!
わっ!?
だれ!?どこから来たの!?
キミの毎ドリが進むようにすばらしいものを持ってきたっきゅ
なになに?
とりあえずやってみるっきゅ
ストップウォッチスタート!!
おっ!
時間をはかってくれるんだ!
0分21秒
目標：15分00秒
よーしっ!!
できた――っ!!
いつもよりどんどん解けた気がする!
時間を意識してるから集中できるんだっきゅ!
さらに!
得点をアプリに入力するとグラフになるんだ!
すっげー!!
この「1」ってなんだろ?
タッチしてみるっきゅ
ポリーポン
一回終わるごとにぼくがエサを食べられるんだっきゅ
ドリルを進めるとかっこいいわざをおぼえたりすてきな部屋が手に入ったりするよ
よーしっ
あしたもがんばるぞ!
二か月後
よっしゃー!
ドリルが終わったぞ!
一冊やりきったら賞状とメダルがもらえたよ!
次はどのドリルに挑戦しようかな!
賞状
ぼくどの
あなたは、3年「かけ算」をしゅうりょうしましたので、ここにこれをしょうします。たいへん、すばらしいです!

毎日のドリル 勉強管理アプリ

「毎日のドリル」シリーズ専用，スマートフォン・タブレットで使える無料アプリです。
1つのアプリでシリーズすべてを管理でき，学習習慣が楽しく身につきます。

1 「毎日のドリル」の学習を徹底サポート！

毎日の勉強タイムをお知らせする「タイマー」

かかった時間を計る「ストップウォッチ」

勉強した日を記録する「カレンダー」

入力した得点を「グラフ化」

2 キャラクターと楽しく学べる！

好きなキャラクターを選ぶことができます。勉強をがんばるとキャラクターが育ち，「ひみつ」や「ワザ」が増えます。

3 1冊終わると，ごほうびがもらえる！

ドリルが1冊終わるごとに，賞状やメダル，称号がもらえます。

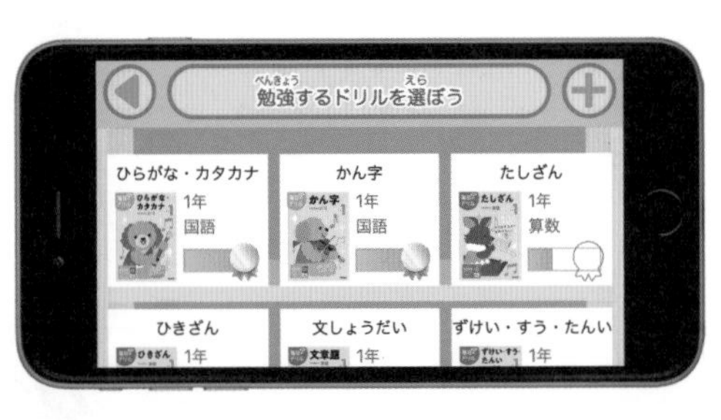

4 漢字と英単語のゲームにチャレンジ！

ゲームで，どこでも手軽に，楽しく勉強できます。漢字は学年別，英単語はレベル別に構成されており，ドリルで勉強した内容の確認にもなります。

アプリの無料ダウンロードはこちらから！

https://gakken-ep.jp/extra/maidori/

【推奨環境】

■ 各種Android端末：対応OS Android6.0以上　※対応OSであっても，Intel CPU（x86 Atom）搭載の端末では正しく動作しない場合があります。

■ 各種iOS（iPadOS）端末：対応OS iOS10以上　※対応OS や対応機種については，各ストアでご確認ください。

※お客様のネット環境および携帯端末によりアプリをご利用できない場合，当社は責任を負いかねます。
また，事前の予告なく，サービスの提供を中止する場合があります。ご理解，ご了承いただきますよう，お願いいたします。

1

10までの　かず

10までの　かず①

月　日

とくてん

てん

10ぷん

1 かずを　かぞえて，すうじで　かきましょう。

1つ6てん【60てん】

①  1 1

② 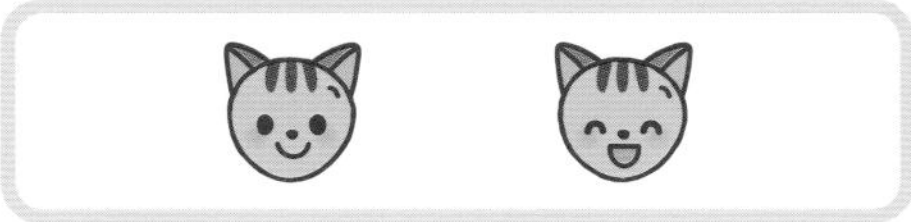 2 2

③  3 3

④  4 4

⑤  5 5

⑥  6 6

⑦  7 7

⑧  8 8

⑨  9 9

⑩  10 10

2 かずを　かぞえて，すうじで　かきましょう。 1つ5てん【25てん】

①　②

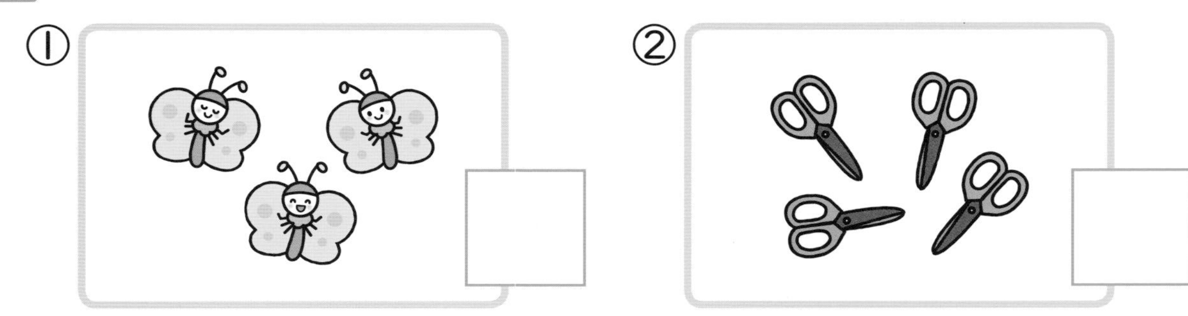

③

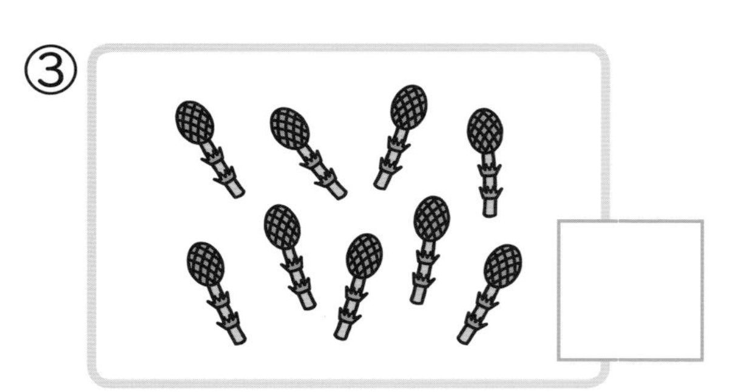

④

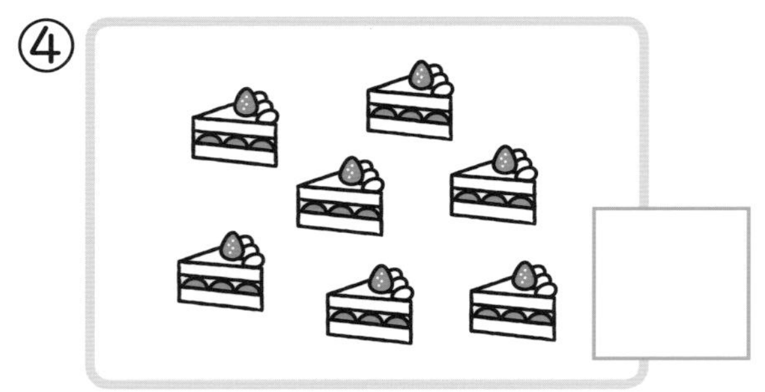

⑤

3 すうじの　かずだけ　いろを　ぬりましょう。 1つ5てん【15てん】

① 2

② 5

③ 8

すうじが　じょうずに　かけたね。

こたえ ▶ 85ページ

10までの　かず②

月　　日　とくてん　　てん　10ぷん

1 おおきい　ほうの　すうじを　○で　かこみましょう。

1つ3てん【6てん】

① ②

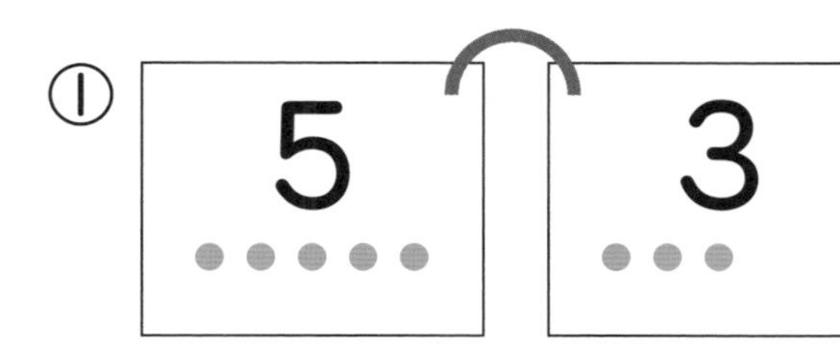

6　8

2 つみきの　かずを　□に　かきましょう。

1つ3てん【30てん】

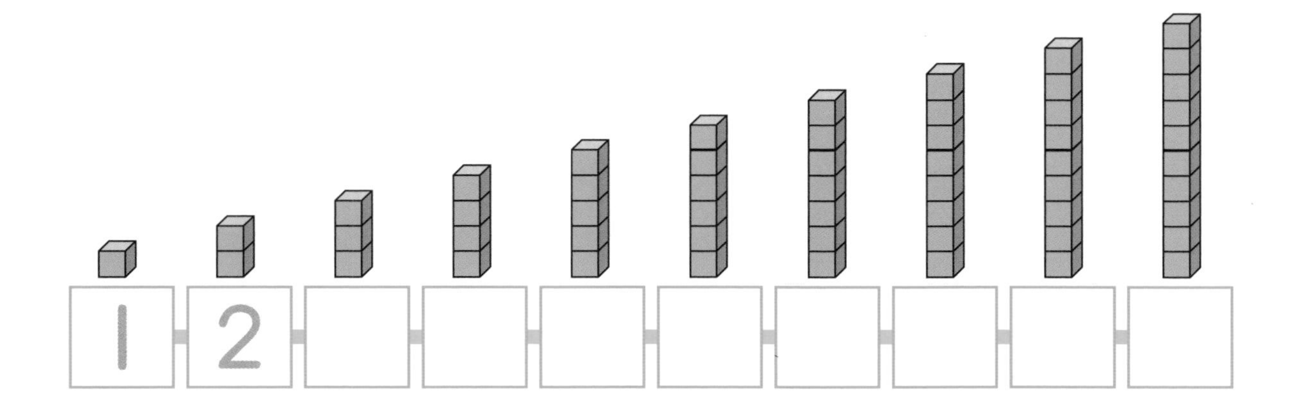

3 りんごの　かずを　すうじで　かきましょう。

1つ4てん【12てん】

ひとつも　ない　ときは
0（れい）　だね。

①

②

③

4 かずの　おおきい　ほうを　○で　かこみましょう。

1つ4てん【16てん】

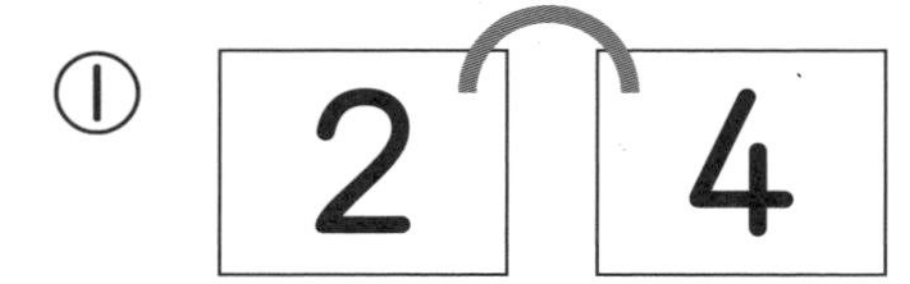

5 ちいさい　ほうから　じゅんに　かずが　ならぶように，
あいて　いる □に　すうじを　かきましょう。　□1つ4てん【24てん】

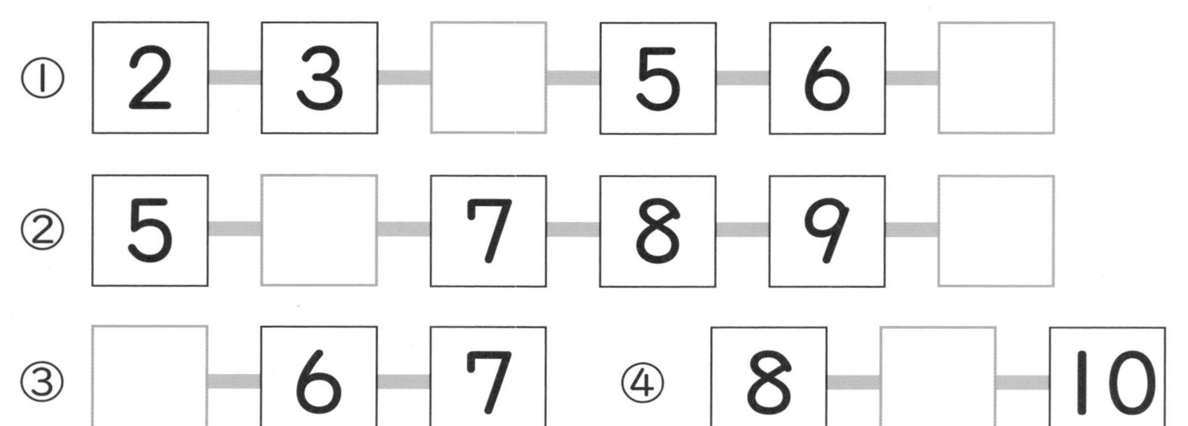

6 わなげで　はいった　かずを　かきましょう。　1つ4てん【12てん】

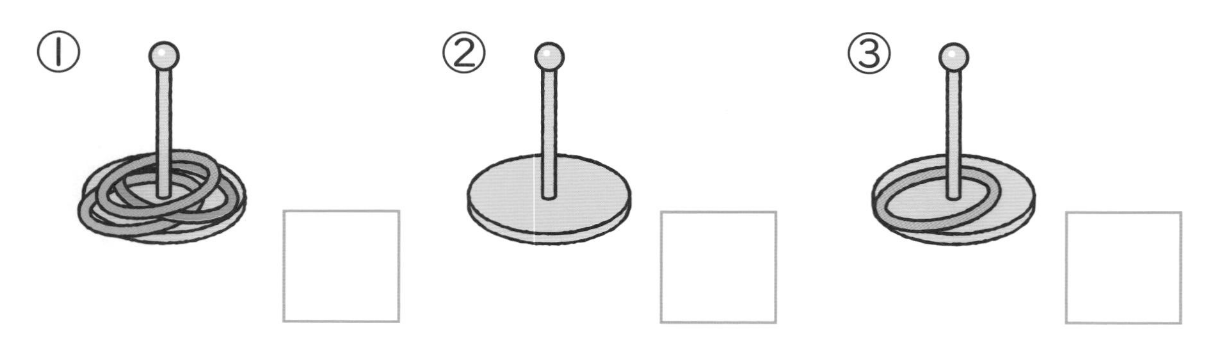

よく　がんばったね。えらい！

こたえ ▶ 85ページ

月　日　10ぷん

とくてん　　　てん

3 いくつと　いくつ①

いくつと　いくつ

1 5は　いくつと　いくつですか。　　1つ2てん【8てん】

5

① 1と 4

② 2と 

③ 3と 

④ 4と 

2 6は　いくつと　いくつですか。　　1つ2てん【10てん】

6

① 1と 

② 2と

③ 3と 

④ 4と

⑤ 5と

3 7は　いくつと　いくつですか。　　1つ3てん【18てん】

7

① 1と 

② 2と 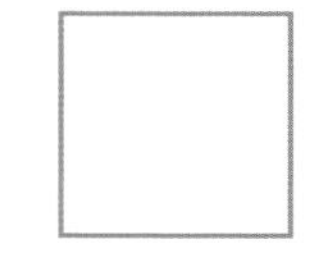

③ 3と 

④ 4と 

⑤ 5と 

⑥ 6と 

4 おはじきが　6こ　あります。てで　かくした　かずを
□に　かきましょう。　1つ5てん【10てん】

①　□

②　□

5 あわせて　7に　なるように，うえと　したの　いちごを
――(せん)で　つなぎましょう。　1つ6てん【24てん】

6 □に　あう　かずを　かきましょう。　1つ5てん【30てん】

① 5は　3と　□

② 5は　4と　□

③ 6は　4と　□

④ 6は　1と　□

⑤ 7は　5と　□

⑥ 7は　3と　□

かずを　じょうずに　わけられたね。

こたえ ▶ 85ページ

いくつと　いくつ

4 いくつと　いくつ②

月　日　とくてん　てん　10ぷん

1 8は　いくつと　いくつですか。　1つ2てん【12てん】

① 1と □　② 2と 　③ 3と 

④ 4と □　⑤ 5と 　⑥ 6と 

2 9は　いくつと　いくつですか。　1つ2てん【16てん】

① 1と □　② 2と □　③ 3と 

④ 4と □　⑤ 5と 　⑥ 6と 

⑦ 7と 　⑧ 8と 

 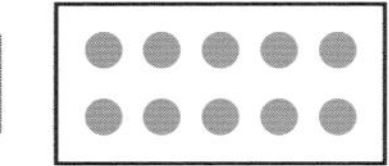 10は　いくつと　いくつですか。　1つ3てん【27てん】

① 1と 　② 2と 　③ 3と 

④ 4と □　⑤ 5と 　⑥ 6と 

⑦ 7と □　⑧ 8と 　⑨ 9と 

4 あわせて　9に　なるように，うえと　したの　かあどを　せん（せん）で　つなぎましょう。　1つ3てん【12てん】

うえ	●●●●●●●● (8)	●●●●● (5)	●● (2)	●●● (3)
した	●●●●●●● (7)	● (1)	●●●●●● (6)	●●●● (4)

5 あと　いくつで　10に　なりますか。□に　かずを　かきましょう。　1つ3てん【15てん】

① ●●●●●●●●● — □

② ●●●●●● — □

③ 5 — □

④ 8 — □

⑤ 3 — □

6 □に　あう　かずを　かきましょう。　1つ3てん【18てん】

① 8は　5と　□

② 8は　7と　□

③ 9は　7と　□

④ 9は　4と　□

⑤ 10は　7と　□

⑥ 10は　2と　□

たくさん　がんばったね。すごいよ！

こたえ ▶ 86ページ

いくつと　いくつ

5 いくつと　いくつの れんしゅう

月　　日　10ぷん

とくてん　　　　てん

1 □に　あう　かずを　かきましょう。 ①，②1つ3てん，③～⑧1つ4てん【30てん】

① 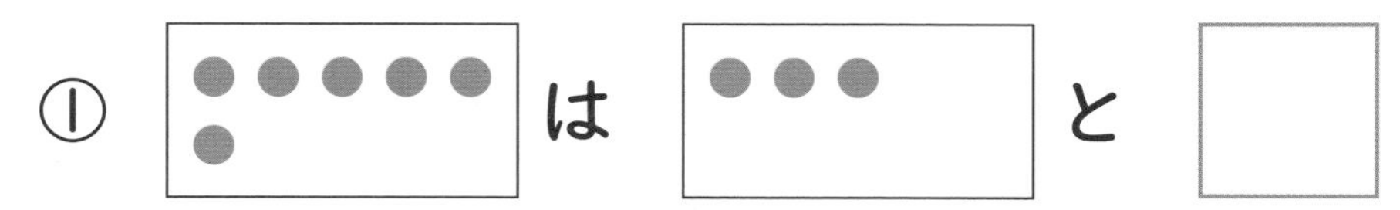 は □ と □

② 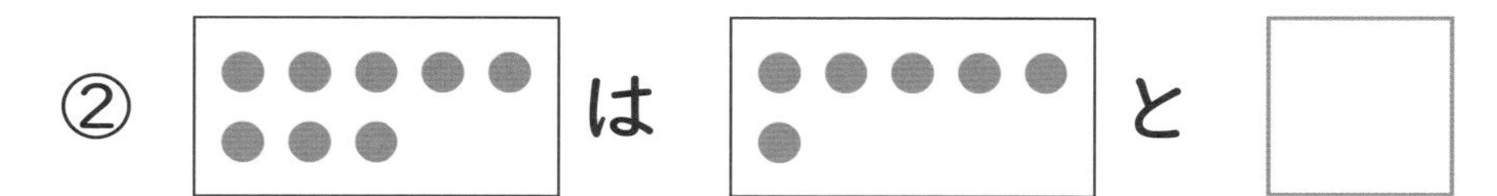 は □ と □

③ 5は　4と □　　④ 7は　3と □

⑤ 6は　2と □　　⑥ 9は　4と □

⑦ 10は　4と □　　⑧ 8は　5と □

2 うえと　したの　2まいの　かあどで　6に　なるように，
・と　・を　――(せん)で　つなぎましょう。 1つ5てん【20てん】

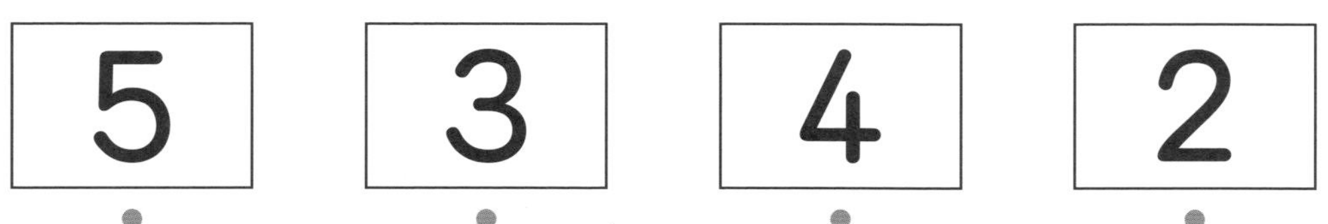

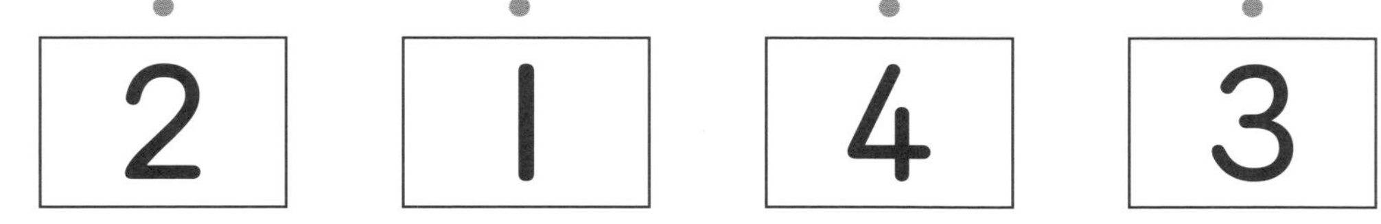

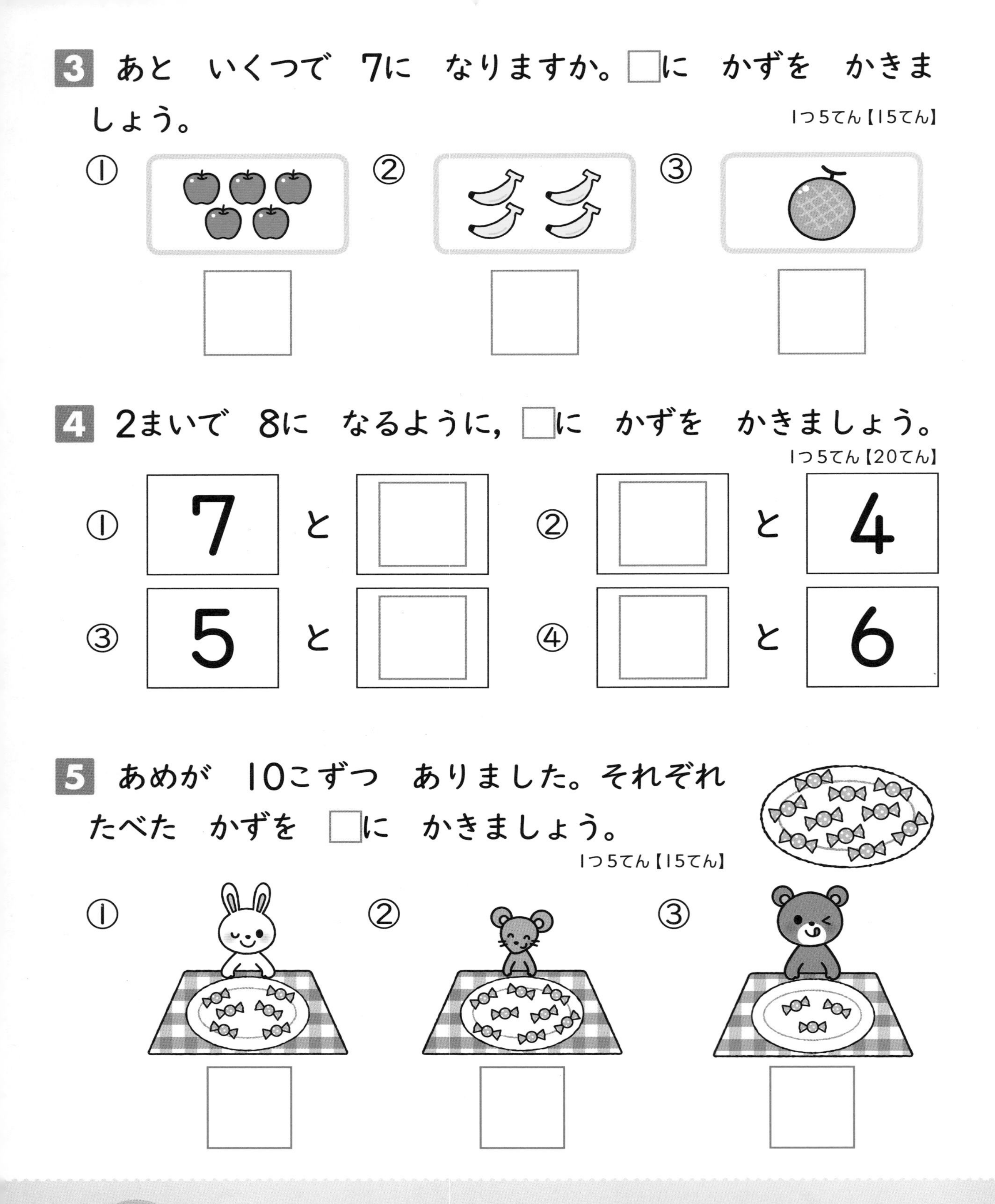

3 あと　いくつで　7に　なりますか。□に　かずを　かきましょう。

1つ5てん【15てん】

①　②　③

4 2まいで　8に　なるように，□に　かずを　かきましょう。

1つ5てん【20てん】

① 7 と □　② □ と 4

③ 5 と □　④ □ と 6

5 あめが　10こずつ　ありました。それぞれ　たべた　かずを　□に　かきましょう。

1つ5てん【15てん】

①　②　③

よく　かんがえて　こたえられたね。すごい！

こたえ ▶ 86ページ

たしざん (1)

たしざんの　しかた①

月　　日

とくてん

てん

10 ぷん

1 を　みて，たしざんを　しましょう。

1つ3てん【21てん】

① 3 ＋ 2 ＝ □

3　たす　2　は　5

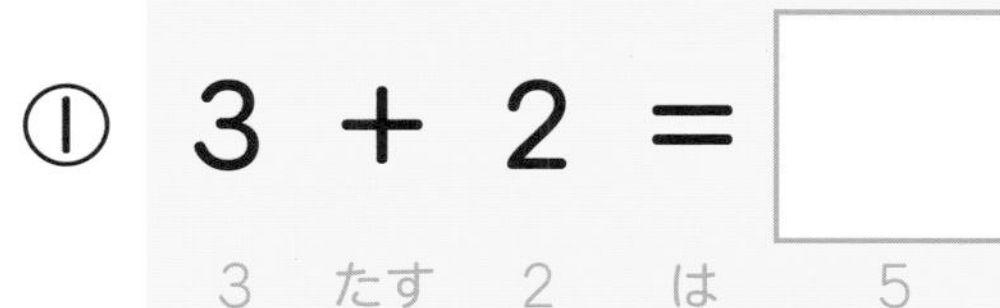

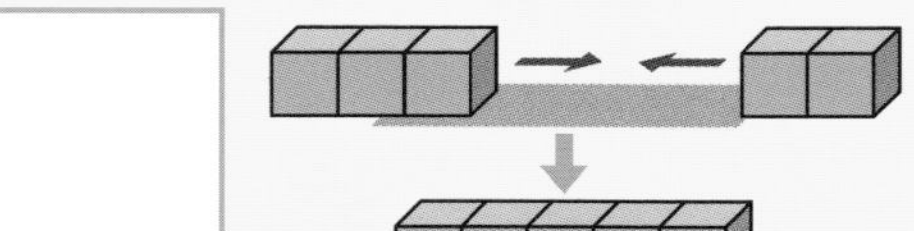

② 2 ＋ 1 ＝ □

③ 1 ＋ 3 ＝ □

④ 2 ＋ 3 ＝ □

⑤ 2 ＋ 4 ＝ □

⑥ 3 ＋ 3 ＝ □

⑦ 4 ＋ 4 ＝ □

2 を　みて，たしざんを　しましょう。

1つ3てん【15てん】

① 5 ＋ 3 ＝ □

5　たす　3　は　8

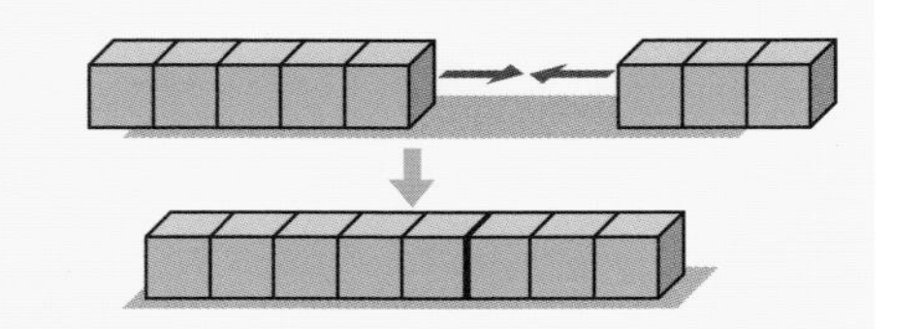

② 5 ＋ 2 ＝ □

③ 5 ＋ 4 ＝ □

④ 4 ＋ 5 ＝ □

⑤ 3 ＋ 5 ＝ □

3 たしざんを　しましょう。

1つ4てん【32てん】

① $1 + 2 =$ □

② $4 + 2 =$ □

③ $1 + 1 =$ □

④ $3 + 1 =$ □

⑤ $4 + 1 =$ □

⑥ $2 + 2 =$ □

⑦ $4 + 3 =$ □

⑧ $1 + 4 =$ □

4 たしざんを　しましょう。

1つ4てん【32てん】

① $5 + 2 =$ □

② $1 + 5 =$ □

③ $5 + 3 =$ □

④ $2 + 5 =$ □

⑤ $5 + 1 =$ □

⑥ $4 + 5 =$ □

⑦ $5 + 4 =$ □

⑧ $3 + 5 =$ □

これから，けいさんを　がんばろう！

こたえ ▷ 86ページ

たしざんの　しかた②

月　　日　10ぷん

とくてん　　　　てん

1 ■を　みて，たしざんを　しましょう。　1つ3てん【21てん】

① 7 ＋ 2 ＝ □

7　たす　2　は　9

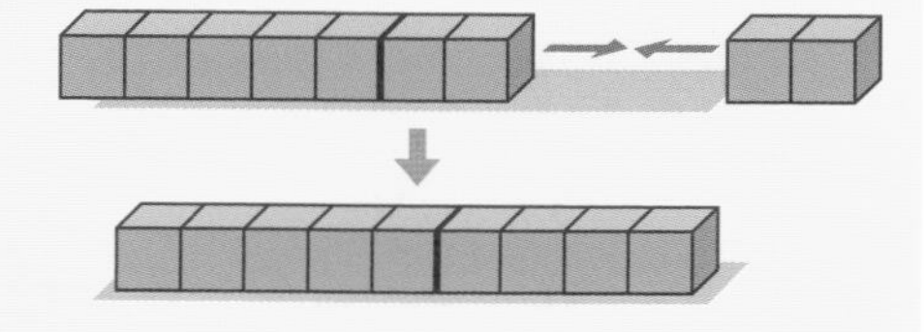

② 8 ＋ 1 ＝ □

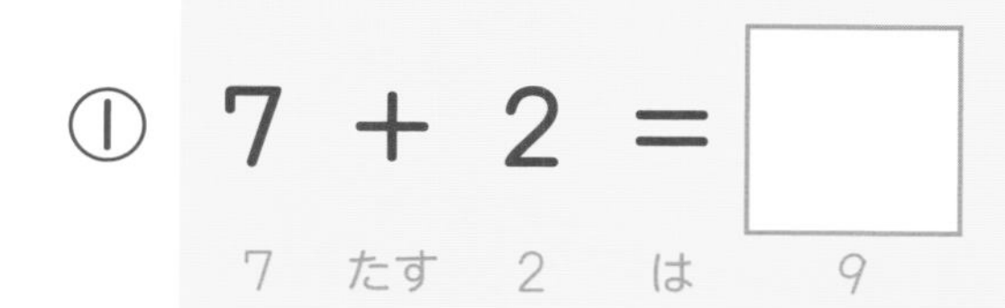

③ 6 ＋ 2 ＝ □

④ 7 ＋ 1 ＝ □

⑤ 6 ＋ 3 ＝ □

⑥ 6 ＋ 4 ＝ □

⑦ 8 ＋ 2 ＝ □

2 ■を　みて，たしざんを　しましょう。　1つ3てん【15てん】

① 2 ＋ 7 ＝ □

2　たす　7　は　9

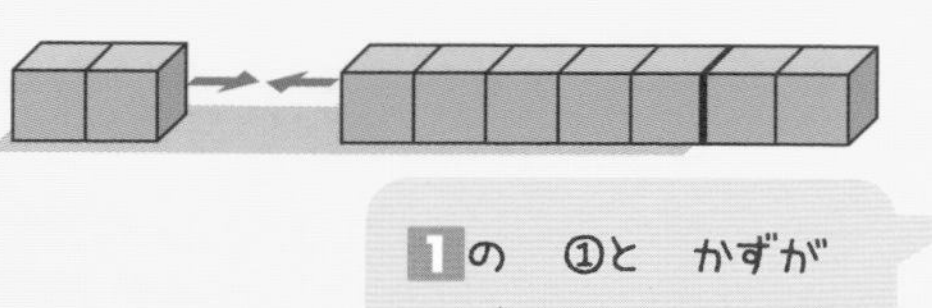

1の　①と　かずが　いれかわって　いるよ。

② 1 ＋ 8 ＝ □

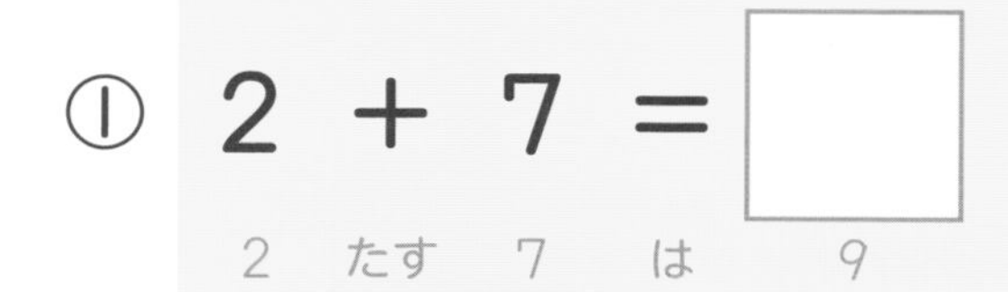

③ 2 ＋ 6 ＝ □

④ 1 ＋ 7 ＝ □

⑤ 3 ＋ 6 ＝ □

3 たしざんを　しましょう。

1つ4てん【32てん】

① $6+3=$ □　　② $9+1=$ □

③ $6+1=$ □　　④ $7+2=$ □

⑤ $7+1=$ □　　⑥ $6+2=$ □

⑦ $6+4=$ □　　⑧ $7+3=$ □

4 たしざんを　しましょう。

1つ4てん【32てん】

① $1+6=$ □　　② $4+6=$ □

③ $1+9=$ □　　④ $2+7=$ □

⑤ $2+6=$ □　　⑥ $2+8=$ □

⑦ $3+7=$ □　　⑧ $5+5=$ □

こたえが　10に　なる　たしざんも　できたね。

こたえ ▷ 87ページ

8

たしざん (1)

たしざんの　れんしゅう①

月　　日

とくてん

てん

10 ぷん

1 たしざんを　しましょう。

1つ3てん【30てん】

① $3+1=$ □

② $4+2=$ □

③ $4+1=$ □

④ $2+1=$ □

⑤ $2+2=$ □

⑥ $3+3=$ □

⑦ $3+4=$ □

⑧ $2+4=$ □

⑨ $4+3=$ □

⑩ $4+4=$ □

2 たしざんを　しましょう。

1つ3てん【18てん】

① $5+2=$ □

② $1+5=$ □

③ $5+3=$ □

④ $4+5=$ □

⑤ $2+5=$ □

⑥ $5+1=$ □

3 たしざんを　しましょう。

1つ3てん【24てん】

① $6+1=$ □

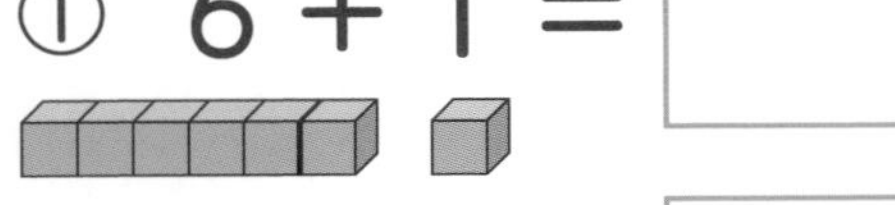

② $9+1=$ □

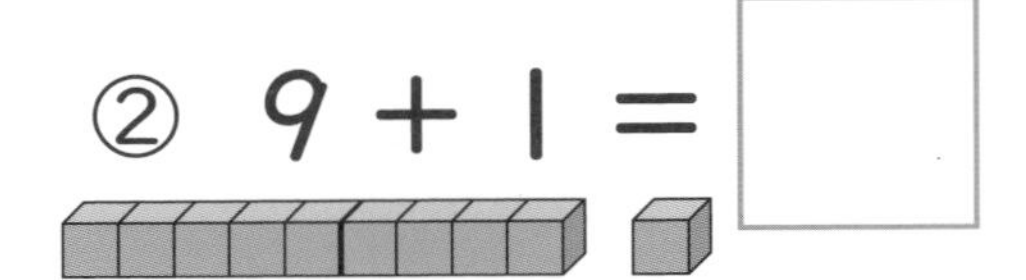

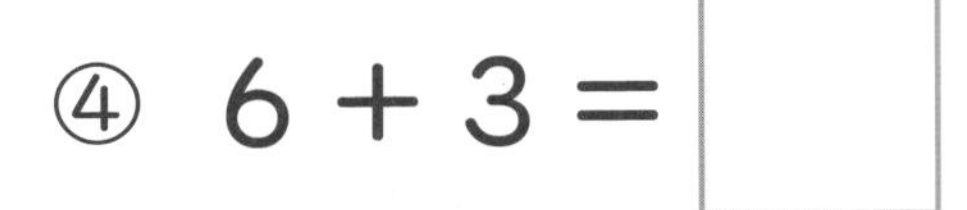

③ $7+2=$ □

④ $6+3=$ □

⑤ $7+1=$ □

⑥ $6+4=$ □

⑦ $6+2=$ □

⑧ $8+2=$ □

4 たしざんを　しましょう。

①～④1つ3てん，⑤～⑧1つ4てん【28てん】

① $1+7=$ □

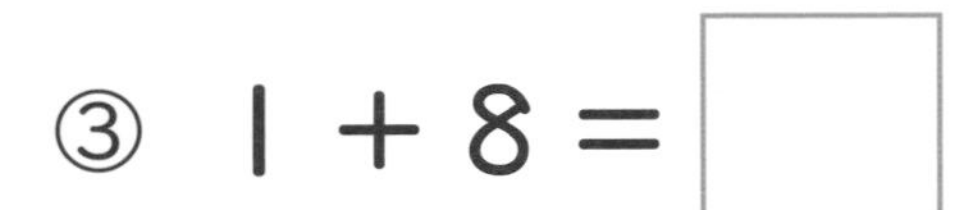

② $2+8=$ □

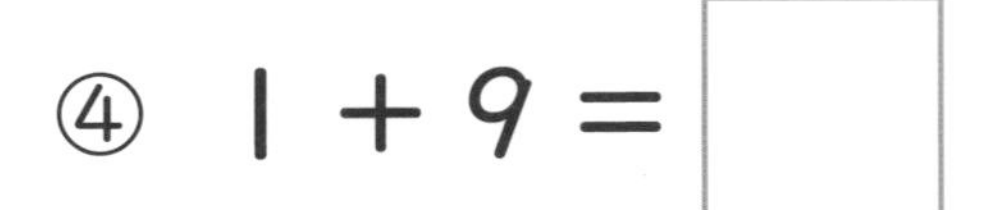

③ $1+8=$ □

④ $1+9=$ □

⑤ $5+5=$ □

⑥ $3+6=$ □

⑦ $2+6=$ □

⑧ $3+7=$ □

すごく　がんばったね。えらい！

こたえ ▷ 87ページ

9

たしざん (1)

たしざんの　れんしゅう②

月　日

10 ぷん

とくてん

てん

1 たしざんを　しましょう。

1つ2てん【36てん】

① $1 + 2 =$ □

② $3 + 2 =$ □

③ $1 + 3 =$ □

④ $2 + 5 =$ □

⑤ $5 + 1 =$ □

⑥ $3 + 3 =$ □

⑦ $5 + 3 =$ □

⑧ $2 + 4 =$ □

⑨ $4 + 3 =$ □

⑩ $4 + 5 =$ □

⑪ $7 + 1 =$ □

⑫ $6 + 4 =$ □

⑬ $1 + 8 =$ □

⑭ $8 + 2 =$ □

⑮ $6 + 2 =$ □

⑯ $3 + 7 =$ □

⑰ $1 + 6 =$ □

⑱ $9 + 1 =$ □

2 たしざんを　しましょう。

①～⑧1つ2てん，⑨～㉔1つ3てん【64てん】

＝も　わすれずに
かいてね。

① 2 + 3 =

② 6 + 1

③ 1 + 4　　　④ 2 + 2

⑤ 8 + 1　　　⑥ 3 + 5

⑦ 1 + 5　　　⑧ 1 + 9

⑨ 5 + 4　　　⑩ 7 + 3

⑪ 2 + 7　　　⑫ 4 + 4

⑬ 5 + 5　　　⑭ 1 + 7

⑮ 4 + 6　　　⑯ 5 + 2

⑰ 3 + 6　　　⑱ 2 + 8

⑲ 4 + 1　　　⑳ 6 + 3

㉑ 3 + 4　　　㉒ 7 + 2

㉓ 4 + 2　　　㉔ 2 + 6

たしざんが　たくさん　できたね。すごいよ！

こたえ ▶ 87ページ

10

ひきざん (1)

ひきざんの　しかた①

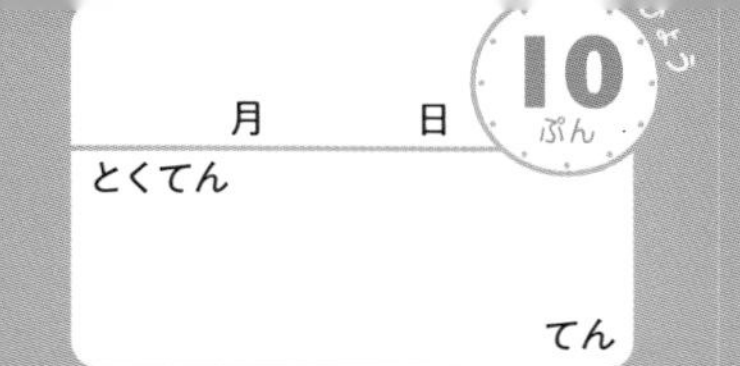

1 をみて，ひきざんを　しましょう。　　1つ3てん【15てん】

① 5 − 2 = □

5　ひく　2　は　3

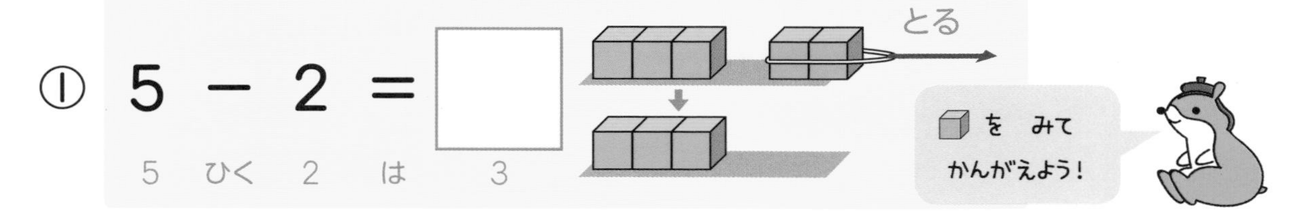

② 3 − 1 = □

③ 5 − 1 = □

④ 4 − 2 = □

⑤ 4 − 3 = □

2 をみて，ひきざんを　しましょう。　　1つ3てん【21てん】

① 7 − 5 = □

7　ひく　5　は　2

② 6 − 5 = □

③ 9 − 5 = □

④ 8 − 5 = □

⑤ 7 − 2 = □

⑥ 8 − 3 = □

⑦ 9 − 4 = □

3 ひきざんを　しましょう。

1つ4てん【32てん】

① $3 - 2 =$ □　　② $4 - 1 =$ □

③ $5 - 3 =$ □　　④ $2 - 1 =$ □

⑤ $5 - 4 =$ □　　⑥ $3 - 1 =$ □

⑦ $4 - 3 =$ □　　⑧ $5 - 2 =$ □

4 ひきざんを　しましょう。

1つ4てん【32てん】

① $8 - 5 =$ □　　② $9 - 4 =$ □

③ $6 - 5 =$ □　　④ $7 - 2 =$ □

⑤ $9 - 5 =$ □　　⑥ $6 - 1 =$ □

⑦ $7 - 5 =$ □　　⑧ $8 - 3 =$ □

ひきざんも　できたね。すごいよ！

こたえ ▶ 88ページ

ひきざん (1)

ひきざんの　しかた②

1 を　みて，ひきざんを　しましょう。

1つ3てん【15てん】

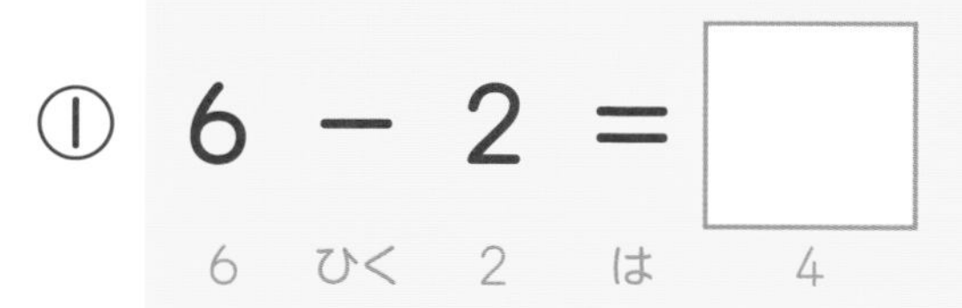

① 6 − 2 = □

6　ひく　2　は　4

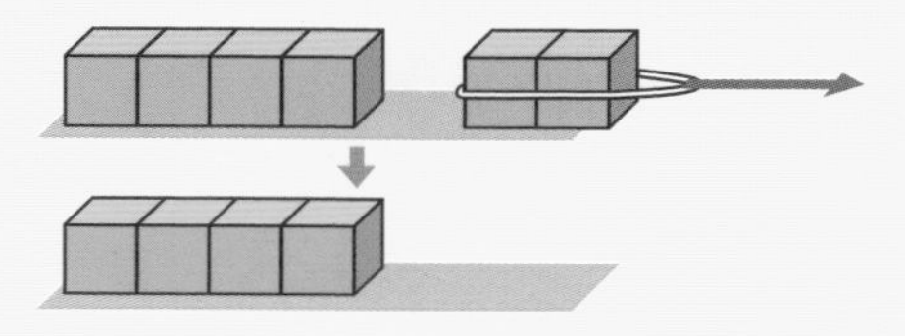

② 9 − 3 = □

③ 8 − 4 = □

④ 8 − 1 = □

⑤ 10 − 4 = □

2 を　みて，ひきざんを　しましょう。

1つ3てん【15てん】

① 9 − 6 = □

9　ひく　6　は　3

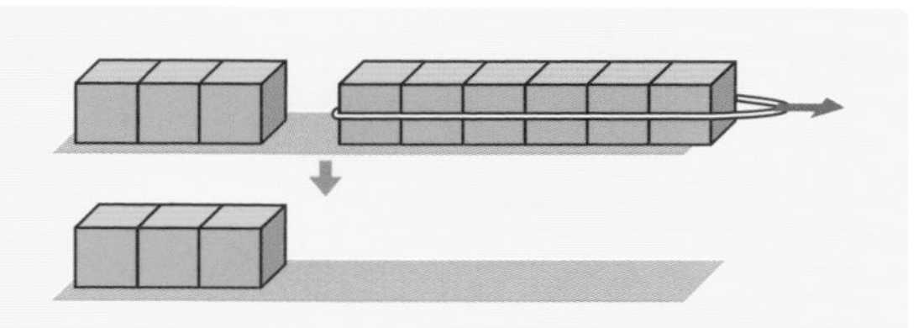

② 8 − 7 = □

③ 9 − 7 = □

④ 8 − 6 = □

⑤ 10 − 9 = □

この　ちょうしで
がんばって！

3 ひきざんを　しましょう。

1つ4てん【32てん】

① $6-3=$ □

② $10-2=$ □

③ $7-1=$ □

④ $8-2=$ □

⑤ $7-4=$ □

⑥ $9-2=$ □

⑦ $6-4=$ □

⑧ $10-3=$ □

4 ひきざんを　しましょう。

①，②1つ4てん，③～⑧1つ5てん【38てん】

① $9-7=$ □

② $10-8=$ □

③ $7-6=$ □

④ $9-8=$ □

⑤ $10-9=$ □

⑥ $10-7=$ □

⑦ $10-5=$ □

⑧ $10-6=$ □

10から　ひく　ひきざんも　できるなんて　すごい！

こたえ ▶ 88ページ

ひきざん (1)

12 ひきざんの　れんしゅう①

10ぷん

月　　日

とくてん　　　てん

1 ひきざんを　しましょう。　　1つ3てん【24てん】

① $2-1=$ □　　② $3-2=$ □

③ $5-3=$ □　　④ $4-1=$ □

⑤ $3-1=$ □　　⑥ $5-1=$ □

⑦ $5-4=$ □　　⑧ $4-2=$ □

2 ひきざんを　しましょう。　　1つ3てん【24てん】

① $9-5=$ □　　② $7-2=$ □

③ $6-5=$ □　　④ $9-4=$ □

⑤ $8-3=$ □　　⑥ $6-1=$ □

⑦ $7-5=$ □　　⑧ $8-5=$ □

3 ひきざんを　しましょう。

①～⑥1つ3てん，⑦～⑩1つ4てん【34てん】

① $6-2=$ □

② $10-1=$ □

③ $7-3=$ □

④ $9-1=$ □

⑤ $6-3=$ □

⑥ $10-3=$ □

⑦ $6-4=$ □

⑧ $9-2=$ □

⑨ $10-2=$ □

⑩ $8-4=$ □

4 ひきざんを　しましょう。

1つ3てん【18てん】

① $8-6=$ □

② $10-6=$ □

③ $7-6=$ □

④ $9-7=$ □

⑤ $8-7=$ □

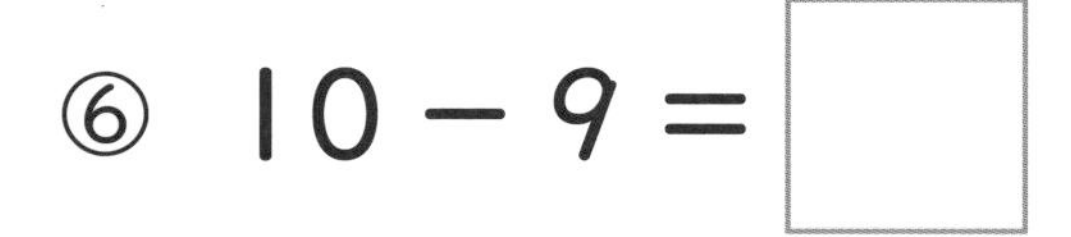

⑥ $10-9=$ □

まちがえた　ひきざんは
やりなおそう！

ひきざんが　たくさん　できたね。すごいよ！

こたえ ▶ 88ページ

13 ひきざん (1) ひきざんの　れんしゅう②

月　　日　10ぷん

とくてん　　　　てん

1 ひきざんを　しましょう。　1つ2てん【36てん】

① $5-4=$ □　　② $3-1=$ □

③ $4-1=$ □　　④ $7-2=$ □

⑤ $4-2=$ □　　⑥ $9-5=$ □

⑦ $5-2=$ □　　⑧ $4-3=$ □

⑨ $9-4=$ □　　⑩ $8-5=$ □

⑪ $6-3=$ □　　⑫ $9-1=$ □

⑬ $8-4=$ □　　⑭ $10-1=$ □

⑮ $7-3=$ □　　⑯ $10-6=$ □

⑰ $10-3=$ □　　⑱ $8-7=$ □

2 ひきざんを　しましょう。

①〜⑧1つ2てん，⑨〜㉔1つ3てん【64てん】

① $3 - 2 =$

② $5 - 3$

＝を　かいてから，
こたえを　かくよ。
しっかり　かこう！

③ $6 - 5$　　④ $7 - 6$

⑤ $8 - 3$　　⑥ $5 - 1$

⑦ $10 - 5$　　⑧ $7 - 1$

⑨ $6 - 1$　　⑩ $9 - 8$

⑪ $6 - 4$　　⑫ $7 - 5$

⑬ $10 - 4$　　⑭ $10 - 8$

⑮ $9 - 6$　　⑯ $8 - 6$

⑰ $9 - 2$　　⑱ $10 - 7$

⑲ $8 - 2$　　⑳ $9 - 3$

㉑ $7 - 4$　　㉒ $6 - 2$

㉓ $9 - 7$　　㉔ $10 - 2$

はい，よく　できました。つぎは　パズルだよ！

こたえ ▶ 89ページ

［なにが　でて　くるかな］

1 したの　えで，たしざんの　こたえが　9の　ところに　みどりを，10の　ところに　みずいろを　ぬりましょう。

なにが　でて　くるかな？（いろを　ぬったら，さかさまに　して　みよう。）

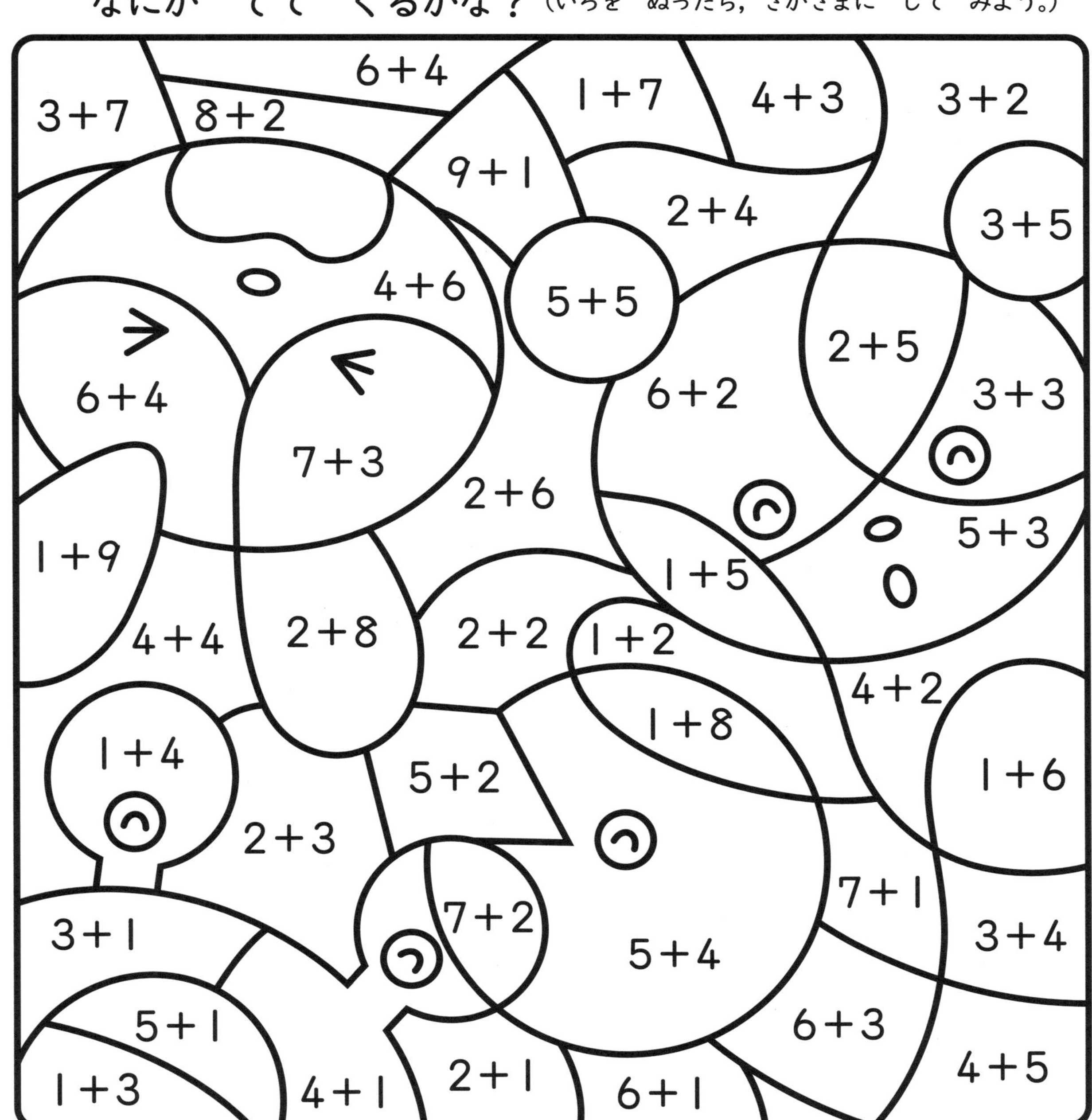

2 ひきざんの　こたえを　しきの　みぎの　かずの　なかから　みつけて，ぜんぶに　くろを　ぬりましょう。
なにが　でて　くるかな？（いろを　ぬったら，さかさまに　して　みよう。）

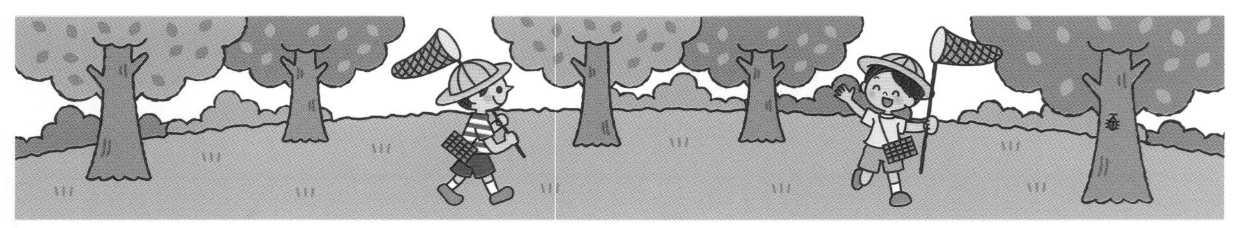

れい　こたえは　2 ➡ 2　ぜんぶに　くろを　ぬる

しき													
4−2	1	1	2	3	3	3	3	4	4	4	2	1	1
7−6	2	2	1	4	4	2	2	3	3	3	1	2	2
8−3	6	6	5	4	5	5	5	5	5	4	5	6	6
10−7	2	4	3	3	3	3	2	3	3	3	3	4	2
8−4	4	3	3	4	4	4	5	4	4	4	3	3	4
9−2	7	8	8	7	7	7	6	7	7	7	8	8	7
7−1	6	6	6	6	6	6	7	6	6	6	6	6	6
10−1	8	7	8	9	9	9	8	9	9	9	8	7	8
10−2	9	8	8	8	7	7	9	7	7	8	8	8	9
6−4	3	2	4	5	2	2	2	2	2	5	4	2	3
8−2	7	6	5	7	5	6	6	6	5	7	5	6	7
10−6	1	2	3	3	2	1	4	1	2	3	3	2	1
10−3	8	8	9	9	9	6	7	6	9	9	9	8	8
9−4	4	4	6	6	5	5	5	5	5	6	6	4	4
7−4	5	4	2	2	3	4	4	4	3	2	2	4	5

こたえ ▶ 89ページ

15 0の　けいさん
0の　けいさんの　しかた

月　　日
とくてん
てん
10ぷん

1 たまいれを　しました。1かいめと 2かいめに　はいった　たまを あわせると　いくつですか。 1つ3てん【9てん】

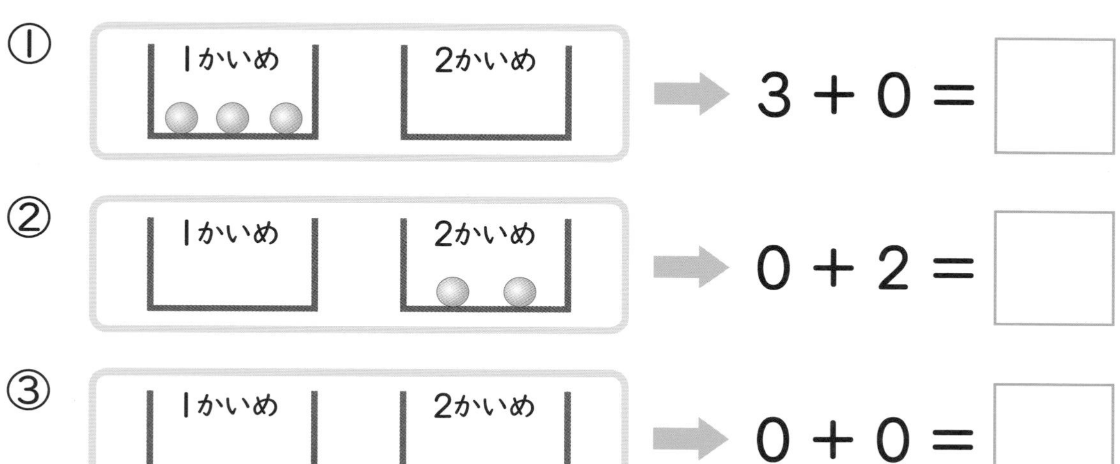

① 3 ＋ 0 ＝ □

② 0 ＋ 2 ＝ □

③ 0 ＋ 0 ＝ □

2 たまいれを　しました。1かいめと　2かいめに　はいった たまの　かずの　ちがいは　いくつですか。 1つ3てん【9てん】

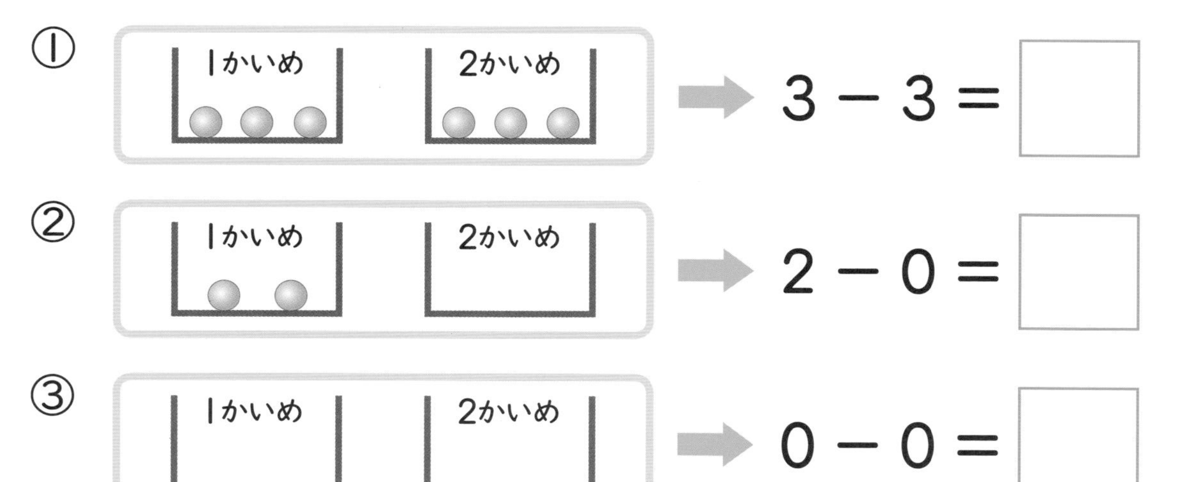

① 3 － 3 ＝ □

② 2 － 0 ＝ □

③ 0 － 0 ＝ □

3 けいさんを　しましょう。

1つ3てん【12てん】

① $2+0=$ □

② $0+1=$ □

③ $2-2=$ □

④ $3-0=$ □

4 けいさんを　しましょう。

1つ5てん【70てん】

① $5+0$

② $0+7$

③ $0+4$

④ $1+0$

⑤ $9+0$

⑥ $0+6$

⑦ $4-4$

⑧ $1-0$

⑨ $6-0$

⑩ $8-8$

⑪ $5-5$

⑫ $7-0$

⑬ $7-7$

⑭ $9-0$

0の　けいさんは　ばっちりだね。

こたえ ▷ 89ページ

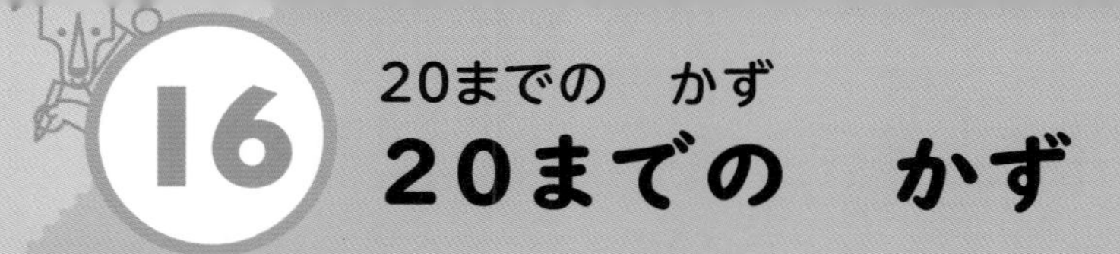

16 20までの かず

月　日　10ぷん

とくてん　　てん

1 の かずを □に かきましょう。　1つ4てん【20てん】

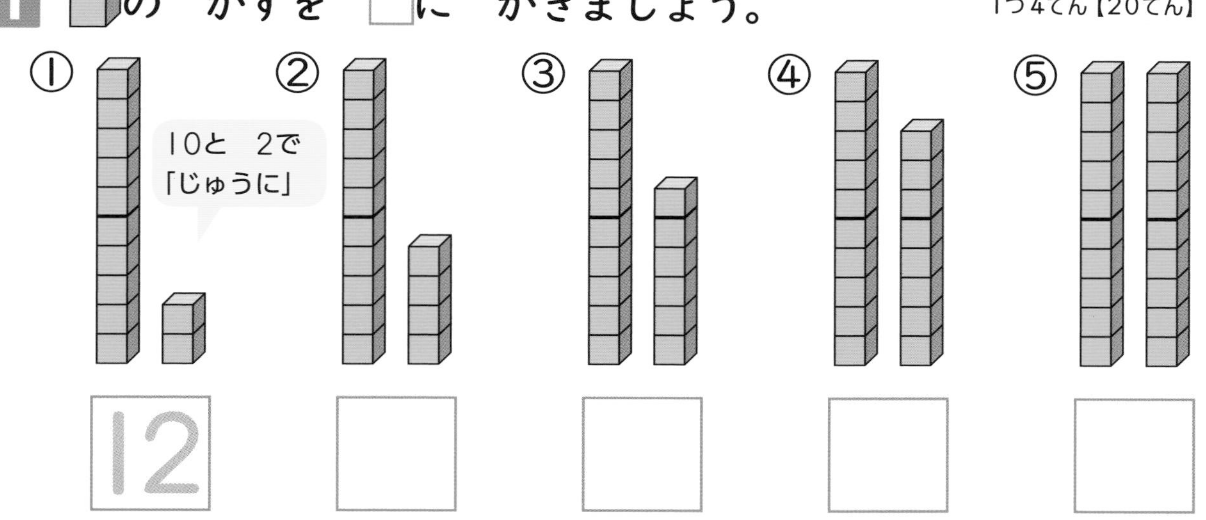

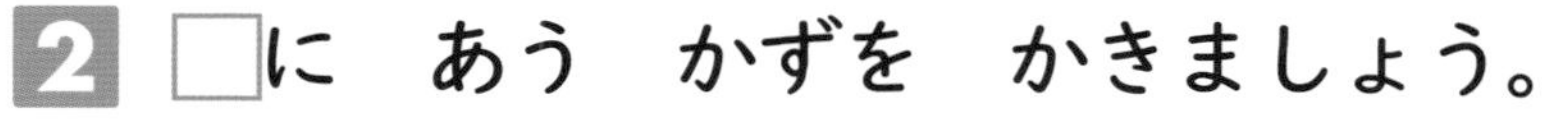

2 □に あう かずを かきましょう。　1つ4てん【28てん】

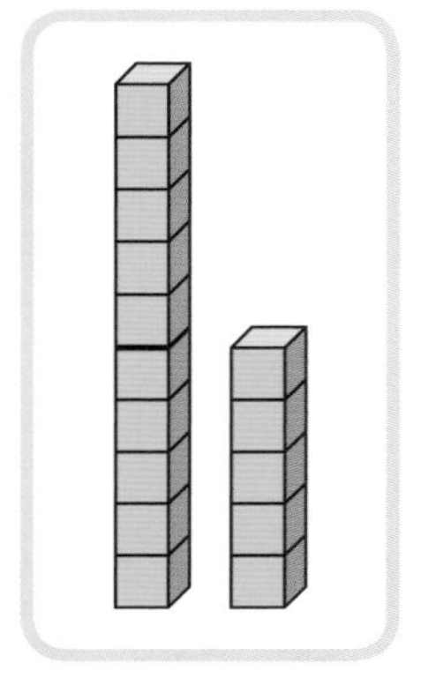

① 10と 5で 

② 15は 10と 

③ 15は □ と 5

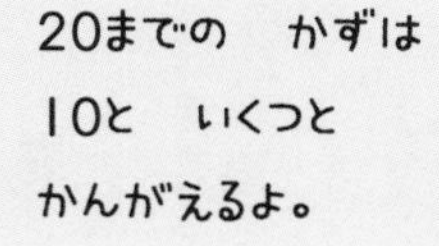

④ 10と 3で 　⑤ 10と 7で 

⑥ 11は 10と 　⑦ 14は  と 4

3 □に あう かずを かきましょう。

1つ4てん【12てん】

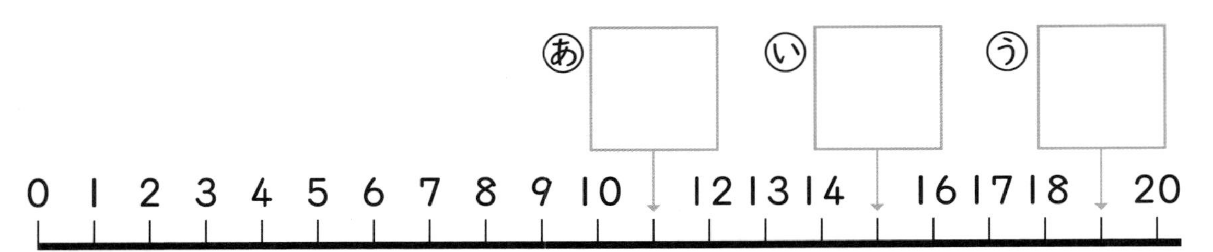

4 □に あう かずを かきましょう。

1つ 4てん【12てん】

① 10より 2 おおきい かずは □

② 14より 3 おおきい かずは □

③ 18より 2 ちいさい かずは □

5 □に あう かずを かきましょう。

□1つ 4てん【28てん】

①
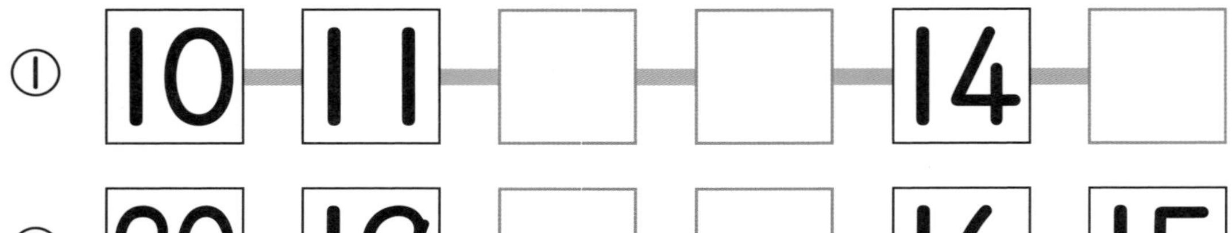

② 20 — 19 — □ — □ — 16 — 15

③ 10 — 12 — □ — 16 — 18 — □

20までの かずも できたね。すごい！

こたえ ▶ 89ページ

20までの　かず

17 20までの　かずの　たしざんの　しかた

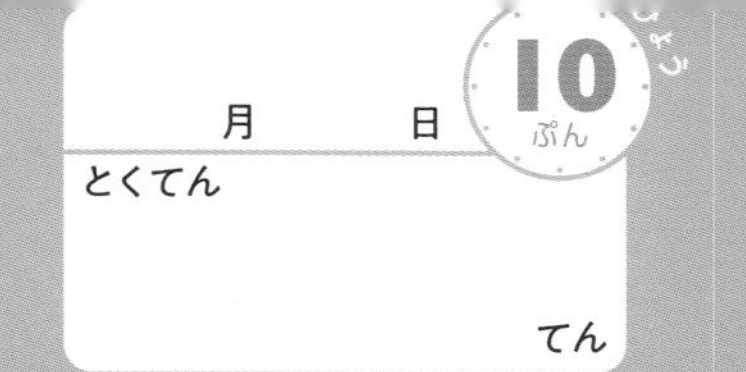

1 □を　みて，たしざんを　しましょう。

1つ3てん【12てん】

① 10 ＋ 3 ＝ □

10と　3で
13。

② 10 ＋ 5 ＝ □

③ 10 ＋ 1 ＝ □

④ 10 ＋ 4 ＝ □

2 □を　みて，たしざんを　しましょう。

1つ4てん【16てん】

① 13 ＋ 2 ＝ □

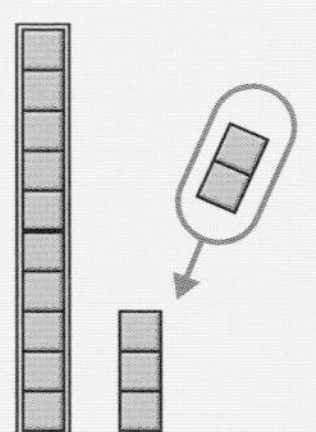

❶ 13は　10と　3。
❷ 3 ＋ 2で　5。
❸ 10と　5で　15。

② 15 ＋ 2 ＝ □

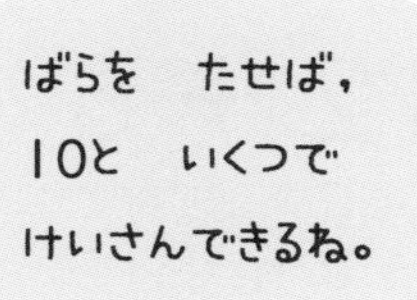

③ 11 ＋ 3 ＝ □

④ 14 ＋ 1 ＝ □

3 たしざんを　しましょう。

1つ4てん【24てん】

① $10 + 2$　② $10 + 7$

③ $10 + 4$　④ $10 + 9$

⑤ $10 + 8$　⑥ $10 + 6$

4 たしざんを　しましょう。

1つ4てん【48てん】

① $11 + 2$　② $13 + 3$

③ $12 + 3$　④ $16 + 1$

⑤ $15 + 4$　⑥ $13 + 5$

⑦ $11 + 8$　⑧ $14 + 4$

⑨ $12 + 6$　⑩ $16 + 3$

⑪ $14 + 3$　⑫ $12 + 7$

はい，よく　できました。えらいね！

こたえ ▶ 90ページ

18 20までの　かずの　ひきざんの　しかた

月　　日　10ぷん

とくてん　　　　てん

1 ■を　みて，ひきざんを　しましょう。　1つ3てん【12てん】

① $12-2=$ □

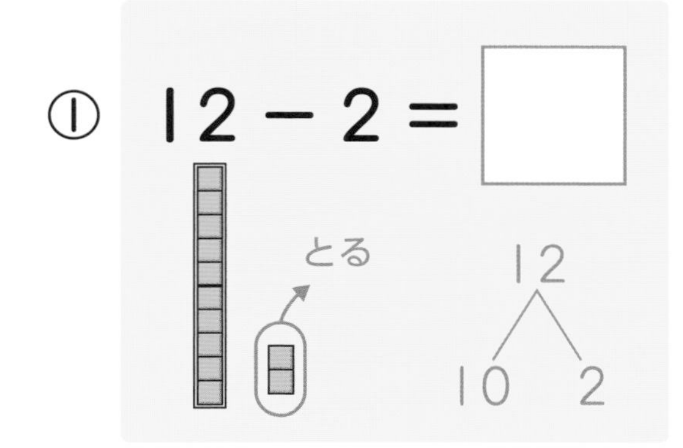

② $15-5=$ □

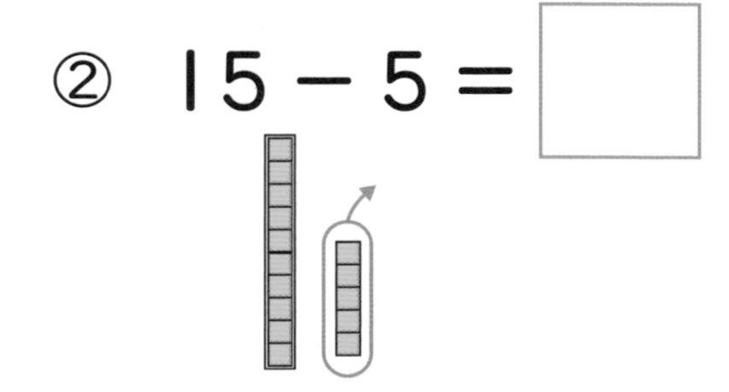

③ $13-3=$ □　　④ $11-1=$ □

2 ■を　みて，ひきざんを　しましょう。　1つ4てん【16てん】

① $15-3=$ □

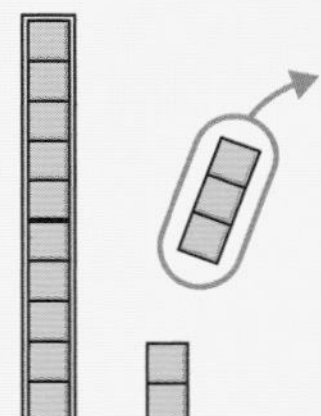

❶ 15は　10と　5。
❷ 5－3で　2。
❸ 10と　2で　12。

② $18-5=$ □

③ $12-1=$ □　　④ $15-2=$ □

3 ひきざんを　しましょう。

1つ4てん【24てん】

① 11－1　② 14－4

③ 18－8　④ 17－7

⑤ 16－6　⑥ 19－9

4 ひきざんを　しましょう。

1つ4てん【48てん】

① 14－1　② 15－4

③ 17－5　④ 18－3

⑤ 16－2　⑥ 17－6

⑦ 18－1　⑧ 16－4

⑨ 19－4　⑩ 18－6

⑪ 17－3　⑫ 19－2

ひきざんも　できたね。すばらしい！

こたえ ▶ 90ページ

19 20までの　かずの　けいさんの　れんしゅう

月　日　10ぷん

とくてん　　てん

1 たしざんを　しましょう。　　1つ3てん【48てん】

① $10+4=$ □　　② $12+2=$ □

③ $10+6=$ □　　④ $14+5=$ □

⑤ $17+1=$ □　　⑥ $10+1=$ □

⑦ $11+4=$ □　　⑧ $12+5=$ □

⑨ $10+7=$ □　　⑩ $16+2=$ □

⑪ $14+2=$ □　　⑫ $10+5=$ □

⑬ $10+8=$ □　　⑭ $17+2=$ □

⑮ $13+4=$ □　　⑯ $13+6=$ □

2 ひきざんを　しましょう。

①，②1つ2てん，③～⑱1つ3てん【52てん】

① 13－3

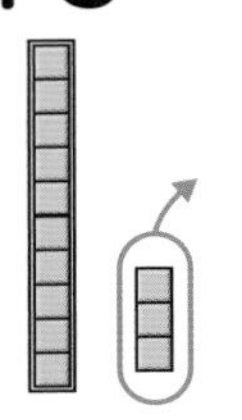

② 17－5

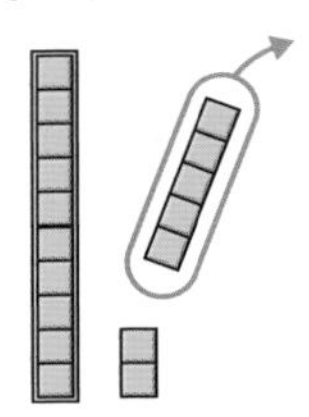

③ 16－6

④ 14－3

どれも，
10と　いくつで
けいさんできるね。

⑤ 11－1

⑥ 19－5

⑦ 13－2

⑧ 18－8

⑨ 16－1

⑩ 19－3

⑪ 17－2

⑫ 18－5

⑬ 14－4

⑭ 18－4

⑮ 19－6

⑯ 17－7

⑰ 17－4

⑱ 18－2

たくさん　けいさんできたね。えらいよ！

こたえ ▶ 90ページ

20 3つの　かずの　たしざんの　しかた

月　　日　10ぷん
とくてん
てん

1 たしざんを　しましょう。

1つ 3てん【15てん】

① 3＋2＋3＝□

3 ＋ 2 ＝ 5
5 ＋ 3

まえから　じゅんに
けいさんするよ。

② 3＋1＋2＝□　③ 2＋2＋4＝□

④ 1＋2＋4＝□　⑤ 4＋1＋5＝□

2 たしざんを　しましょう。

1つ 3てん【15てん】

① 9＋1＋3＝□

9 ＋ 1 ＝ 10
10 ＋ 3

② 5＋5＋2＝□　③ 8＋2＋5＝□

④ 7＋3＋4＝□　⑤ 1＋9＋7＝□

3 たしざんを　しましょう。

1つ4てん【32てん】

① 1 + 2 + 2

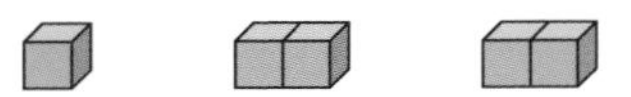

② 4 + 1 + 2

③ 2 + 1 + 5

④ 5 + 1 + 3

⑤ 2 + 2 + 3

⑥ 4 + 2 + 2

⑦ 6 + 2 + 2

⑧ 4 + 2 + 4

4 たしざんを　しましょう。

①，②1つ4てん，③～⑧1つ5てん【38てん】

① 8 + 2 + 1

② 3 + 7 + 2

③ 7 + 3 + 3

④ 5 + 5 + 5

⑤ 6 + 4 + 7

⑥ 9 + 1 + 4

⑦ 2 + 8 + 6

⑧ 4 + 6 + 9

こたえ ▷ 91ページ

21 3つの　かずの　ひきざんの　しかた

月　　日　　10ぷん

とくてん　　　　てん

1 ひきざんを　しましょう。

1つ3てん【15てん】

① $6-1-2=$ □

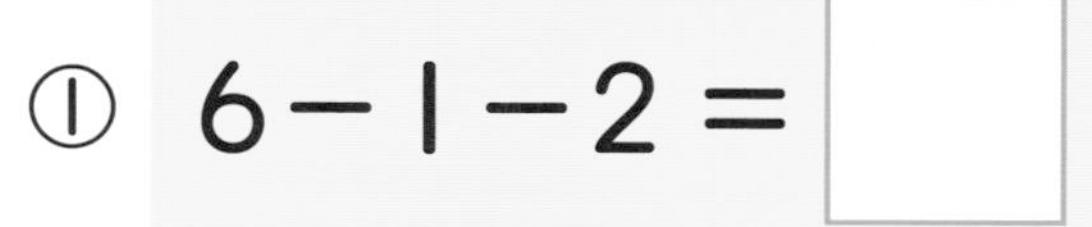

6 − 1 = 5

5 − 2

② $9-1-5=$ □　　③ $6-2-2=$ □

④ $10-5-3=$ □　　⑤ $10-1-5=$ □

2 ひきざんを　しましょう。

1つ3てん【15てん】

① $13-3-5=$ □

13 − 3 = 10

10 − 5

② $15-5-9=$ □　　③ $12-2-8=$ □

④ $16-6-4=$ □　　⑤ $14-4-6=$ □

3 ひきざんを　しましょう。

1つ4てん【32てん】

① 8 − 3 − 1

② 10 − 4 − 2

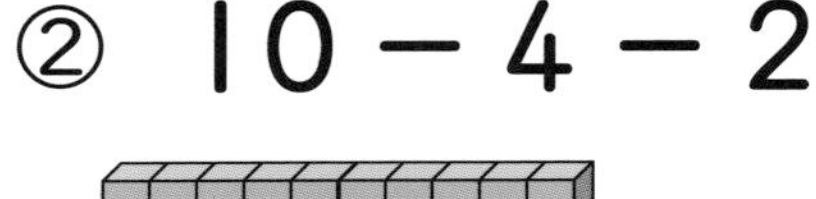

③ 9 − 1 − 2

④ 7 − 4 − 2

⑤ 8 − 2 − 4

⑥ 9 − 2 − 3

⑦ 10 − 6 − 1

⑧ 10 − 3 − 4

4 ひきざんを　しましょう。

①，②1つ4てん，③〜⑧1つ5てん【38てん】

① 15 − 5 − 1

② 17 − 7 − 6

③ 12 − 2 − 5

④ 13 − 3 − 7

⑤ 11 − 1 − 4

⑥ 14 − 4 − 9

⑦ 18 − 8 − 2

⑧ 16 − 6 − 3

ひきざんを　たくさん　したね。おつかれさま！

こたえ ▷ 91ページ

22 3つの　かずの　けいさんの　しかた

月　　日　10ぷん

とくてん　　　　てん

1 けいさんを　しましょう。

1つ3てん【15てん】

① 7−5+4＝□

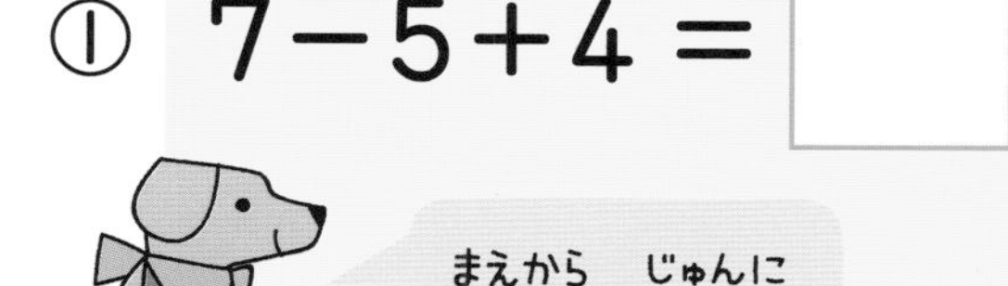

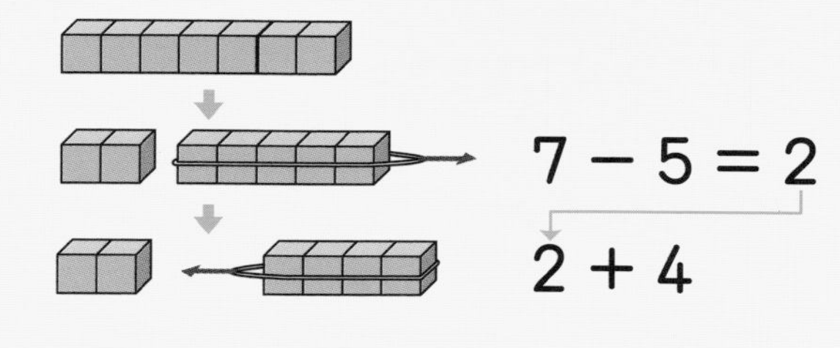

まえから　じゅんに
けいさんするんだ。

② 6−1+3＝□　　③ 5−2+3＝□

④ 10−8+3＝□　　⑤ 10−5+4＝□

2 けいさんを　しましょう。

1つ3てん【15てん】

① 8+1−5＝□

8 ＋ 1 ＝ 9
9 − 5

② 2+4−3＝□　　③ 5+2−1＝□

④ 9+1−6＝□　　⑤ 5+5−2＝□

3 けいさんを　しましょう。

1つ4てん【32てん】

① $8-6+4$

② $10-9+2$

③ $6-5+7$

④ $9-7+5$

⑤ $8-7+3$

⑥ $10-8+6$

⑦ $10-6+5$

⑧ $10-7+4$

4 けいさんを　しましょう。

①，②1つ4てん，③～⑧1つ5てん【38てん】

① $5+3-4$

② $8+2-7$

③ $1+5-2$

④ $2+6-5$

⑤ $4+3-5$

⑥ $3+7-3$

⑦ $6+4-8$

⑧ $2+8-4$

たしたり　ひいたり，よく　できました。すごい！

こたえ ▷ 91ページ

23 3つの　かずの　けいさんの　れんしゅう

月　　日　とくてん　　てん　10ぷん

1 けいさんを　しましょう。　　1つ2てん【36てん】

① $1+3+2=$ □　　② $2+2+4=$ □

③ $7+2+1=$ □　　④ $1+9+6=$ □

⑤ $2+6+2=$ □　　⑥ $4+6+9=$ □

⑦ $8-4-1=$ □　　⑧ $9-2-6=$ □

⑨ $10-5-2=$ □　　⑩ $12-2-2=$ □

⑪ $17-7-3=$ □　　⑫ $10-1-4=$ □

⑬ $8-3+1=$ □　　⑭ $10-9+6=$ □

⑮ $10-6+4=$ □　　⑯ $2+7-6=$ □

⑰ $4+6-1=$ □　　⑱ $5+5-4=$ □

2 けいさんを　しましょう。

①，②1つ2てん，③～㉒1つ3てん【64てん】

たすのか，ひくのかに
きを　つけて！

① $1+4+3$

② $4-3+6$

③ $2+2+5$

④ $9-5+2$

⑤ $9-2-5$

⑥ $2+7-4$

⑦ $10-5+2$

⑧ $6+1-3$

⑨ $1+9-6$

⑩ $10-4-2$

⑪ $5+5+7$

⑫ $11-1-3$

⑬ $10-2-3$

⑭ $10-9+3$

⑮ $1+5+4$

⑯ $14-4-8$

⑰ $6+4+1$

⑱ $4+6-3$

⑲ $10-7+6$

⑳ $19-9-6$

㉑ $7+3-5$

㉒ $2+8+9$

たくさんの　けいさんを　がんばったね。すごい！

こたえ ▷ 91ページ

たしざん (2)

24 くり上がりの　ある　たしざんの　しかた①

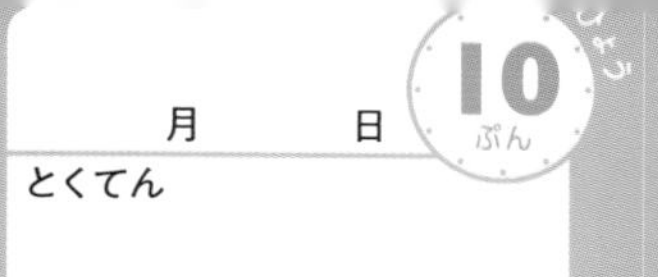

1 ▢を　みて，たしざんを　しましょう。

1つ3てん【21てん】

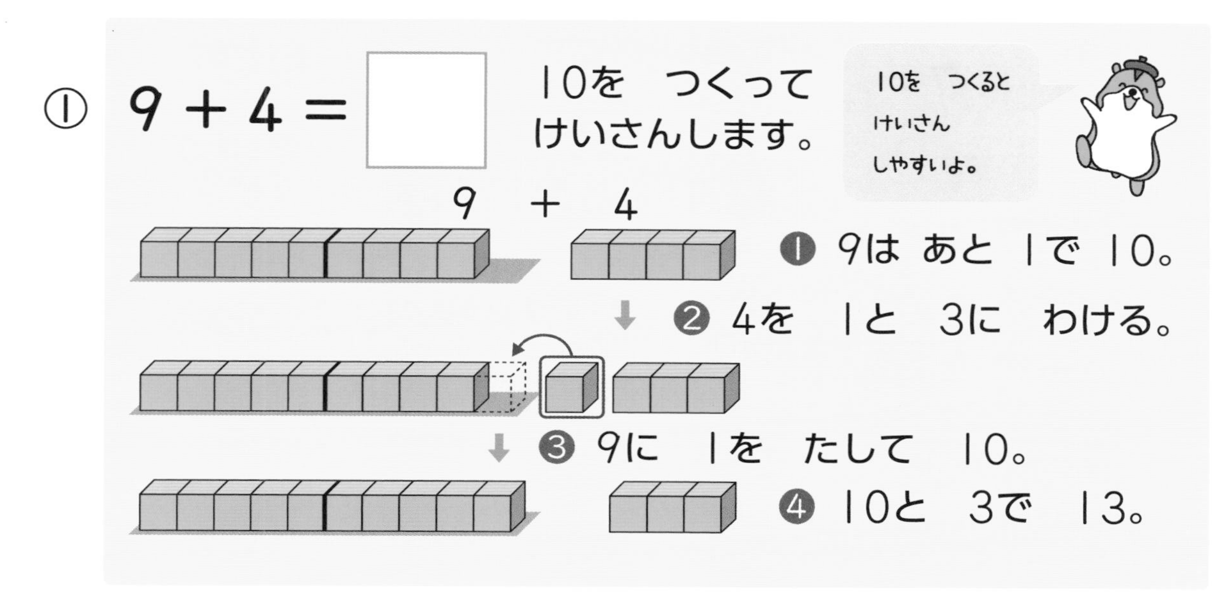

② 9 + 3 = ▢

③ 9 + 5 = ▢

④ 8 + 4 = ▢

⑤ 8 + 3 = ▢

⑥ 7 + 4 = ▢

⑦ 7 + 6 = ▢

2 たしざんを　しましょう。

①〜⑪1つ4てん，⑫〜⑱1つ5てん【79てん】

① $9+6$

② $8+5$

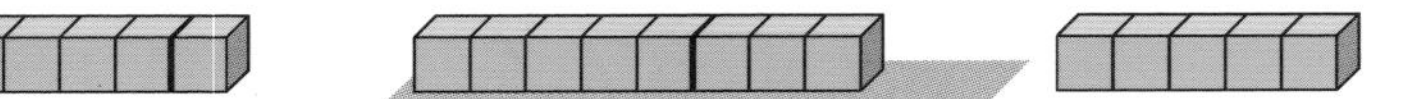

③ $7+7$

④ $6+6$

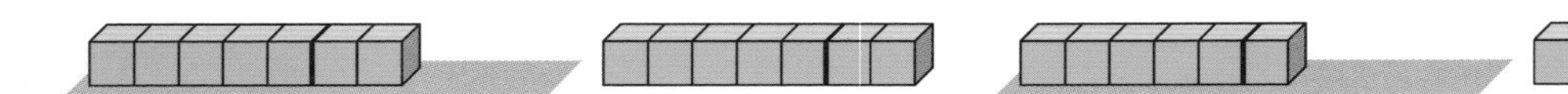

⑤ $9+2$

⑥ $9+5$

⑦ $9+4$

⑧ $9+3$

⑨ $9+8$

⑩ $9+7$

⑪ $9+9$

⑫ $8+4$

⑬ $8+6$

⑭ $8+3$

⑮ $8+8$

⑯ $7+6$

⑰ $7+5$

⑱ $6+5$

よく　かんがえて　できたね。すごいよ！

こたえ ▶ 92ページ

たしざん (2)

25 くり上がりの　ある たしざんの　しかた②

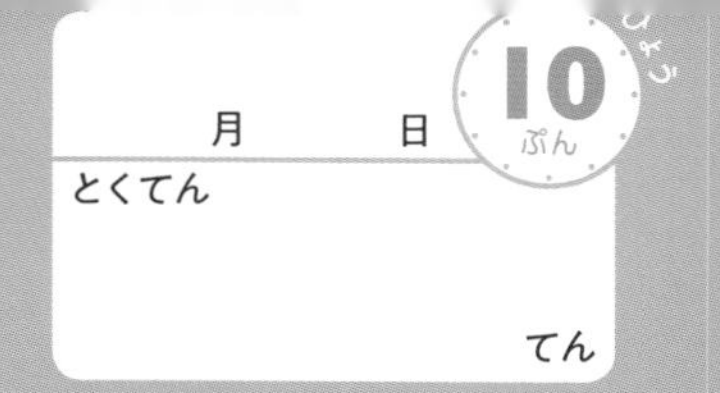

1 を　みて，たしざんを　しましょう。　1つ3てん【18てん】

① 4 ＋ 9 ＝ □

あ，いの　どちらで　かんがえても よいです。

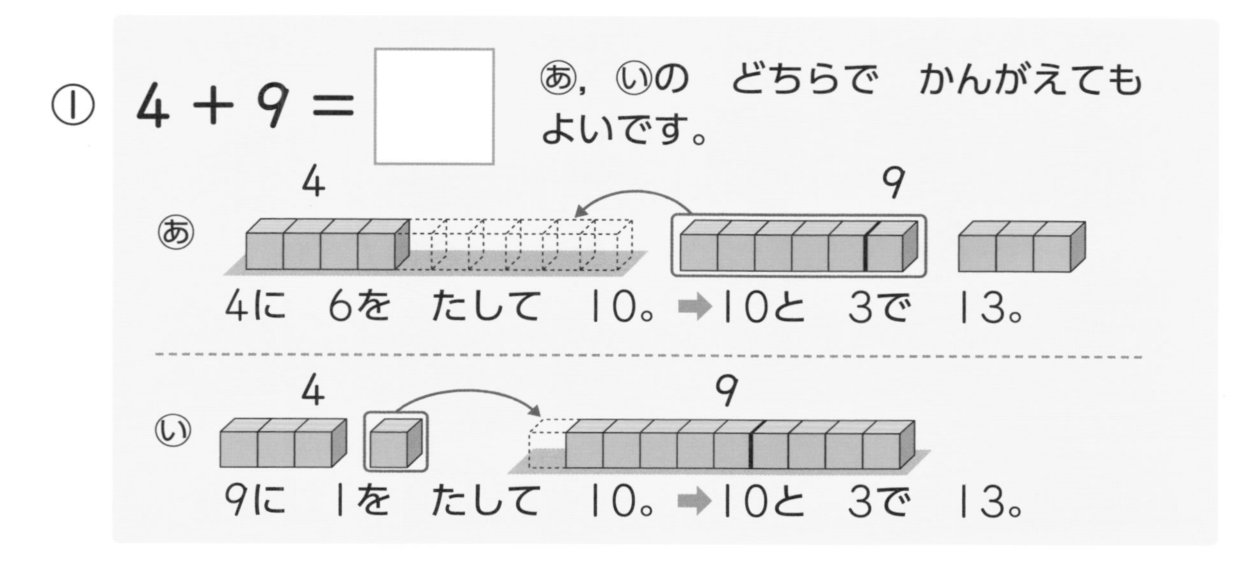

② 3 ＋ 9 ＝ □

③ 2 ＋ 9 ＝ □

④ 5 ＋ 8 ＝ □

⑤ 4 ＋ 8 ＝ □

⑥ 6 ＋ 7 ＝ □

2 たしざんを　しましょう。

①～⑧1つ4てん，⑨～⑱1つ5てん【82てん】

① 3 ＋ 8

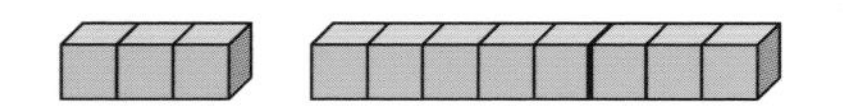

② 7 ＋ 8

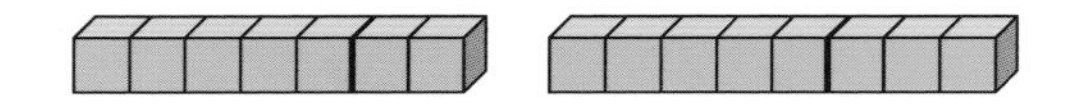

③ 4 ＋ 9

④ 2 ＋ 9

⑤ 5 ＋ 8

⑥ 4 ＋ 7

⑦ 3 ＋ 9

⑧ 6 ＋ 6

⑨ 4 ＋ 8

⑩ 5 ＋ 9

⑪ 5 ＋ 7

⑫ 8 ＋ 9

⑬ 6 ＋ 8

⑭ 5 ＋ 6

⑮ 7 ＋ 9

⑯ 6 ＋ 7

⑰ 6 ＋ 9

⑱ 7 ＋ 7

きっと　けいさんめいじんに　なれるよ。

こたえ ▶ 92ページ

たしざん (2)

26 くり上がりの　ある たしざんの　れんしゅう①

月　日　10ぷん

とくてん　　てん

1 たしざんを　しましょう。

1つ2てん【16てん】

① $9+5=$ □

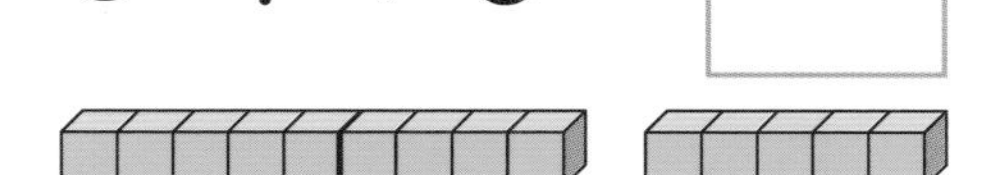

② $8+4=$ □

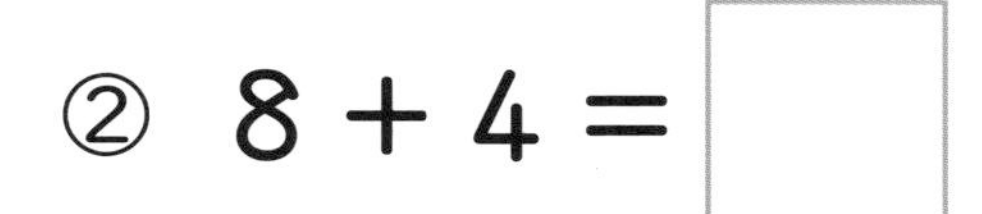

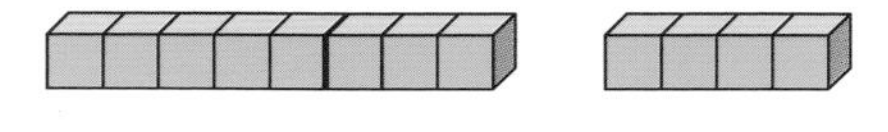

③ $7+4=$ □

④ $9+2=$ □

⑤ $6+5=$ □

⑥ $9+4=$ □

⑦ $8+3=$ □

⑧ $7+6=$ □

2 たしざんを　しましょう。

1つ3てん【18てん】

① $4+9=$ □

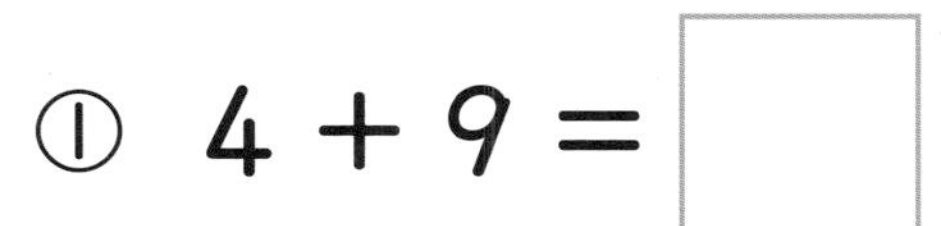

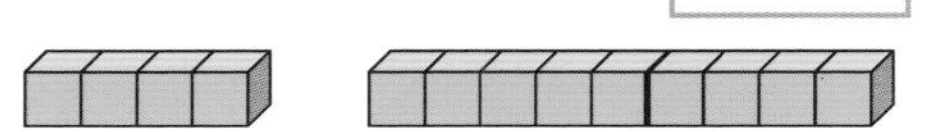

② $6+8=$ □

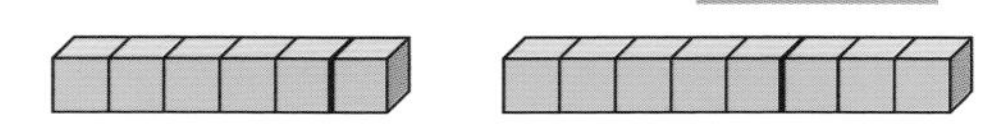

③ $3+8=$ □

④ $5+9=$ □

⑤ $4+7=$ □

⑥ $5+8=$ □

10を　つくって
けいさんできたね。

3 たしざんを　しましょう。

1つ3てん【66てん】

① 7 ＋ 5

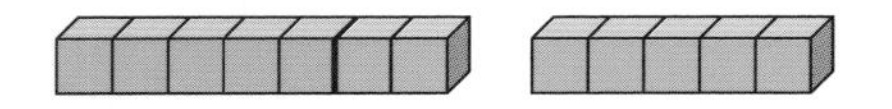

② 5 ＋ 6

③ 9 ＋ 3

④ 8 ＋ 7

⑤ 2 ＋ 9

⑥ 6 ＋ 7

⑦ 8 ＋ 5

⑧ 3 ＋ 9

⑨ 9 ＋ 8

⑩ 5 ＋ 7

⑪ 9 ＋ 6

⑫ 6 ＋ 6

⑬ 4 ＋ 8

⑭ 7 ＋ 9

⑮ 6 ＋ 9

⑯ 8 ＋ 8

⑰ 8 ＋ 9

⑱ 7 ＋ 7

⑲ 7 ＋ 8

⑳ 9 ＋ 9

㉑ 8 ＋ 6

㉒ 9 ＋ 7

すごいよ！がんばって　いるね。

こたえ ▶ 92ページ

たしざん (2)

27 くり上がりの　ある たしざんの　れんしゅう②

月	日	10ぷん
とくてん		てん

1 たしざんを　しましょう。　　1つ2てん【32てん】

① $9+2=$ □　　② $8+5=$ □

③ $3+9=$ □　　④ $6+5=$ □

⑤ $6+9=$ □　　⑥ $9+3=$ □

⑦ $3+8=$ □　　⑧ $4+7=$ □

⑨ $9+7=$ □　　⑩ $7+7=$ □

⑪ $7+4=$ □　　⑫ $2+9=$ □

⑬ $8+7=$ □　　⑭ $4+8=$ □

⑮ $9+6=$ □

⑯ $5+6=$ □

この　ちょうしで
うらも　がんばって！

2 たしざんを　しましょう。

①〜④1つ2てん，⑤〜㉔1つ3てん【68てん】

① $5+7$　② $8+4$

③ $7+8$　④ $9+5$

⑤ $5+9$　⑥ $6+6$

⑦ $8+3$　⑧ $9+6$

⑨ $5+8$　⑩ $9+4$

⑪ $6+9$　⑫ $8+8$

⑬ $7+5$　⑭ $7+9$

⑮ $6+7$　⑯ $4+9$

⑰ $8+9$　⑱ $9+8$

⑲ $7+6$　⑳ $7+7$

㉑ $8+6$　㉒ $4+8$

㉓ $9+9$　㉔ $6+8$

たしざんが　たくさん　できたね。すごい！

こたえ ▶ 93ページ

28 くり上がりの　ある　たしざんの　れんしゅう③

月　　日　10ぷん

とくてん

てん

1 たしざんを　しましょう。　　1つ2てん【36てん】

① $8+3=$ □　　② $5+9=$ □

③ $9+8=$ □　　④ $7+7=$ □

⑤ $4+9=$ □　　⑥ $9+2=$ □

⑦ $3+8=$ □　　⑧ $7+5=$ □

⑨ $8+5=$ □　　⑩ $6+9=$ □

⑪ $5+7=$ □　　⑫ $9+5=$ □

⑬ $5+6=$ □　　⑭ $8+7=$ □

⑮ $9+9=$ □　　⑯ $2+9=$ □

⑰ $8+9=$ □　　⑱ $6+8=$ □

2 たしざんを　しましょう。

①，②1つ2てん，③〜㉒1つ3てん【64てん】

① $9+6$

② $6+5$

③ $4+8$

④ $3+9$

⑤ $9+4$

⑥ $7+9$

⑦ $4+7$

⑧ $9+8$

⑨ $7+5$

⑩ $9+3$

⑪ $7+4$

⑫ $6+6$

⑬ $8+4$

⑭ $5+8$

⑮ $6+7$

⑯ $8+8$

⑰ $7+8$

⑱ $9+7$

⑲ $6+9$

⑳ $7+6$

㉑ $9+9$

㉒ $8+6$

まちがえた　たしざんは
やりなおそうね。

たしざんは　ばっちりだね。すばらしい！

こたえ ▶ 93ページ

ひきざん (2)

29 くり下がりの ある ひきざんの しかた①

10ぷん

月 日

とくてん

てん

1 を みて，ひきざんを しましょう。 1つ3てん【18てん】

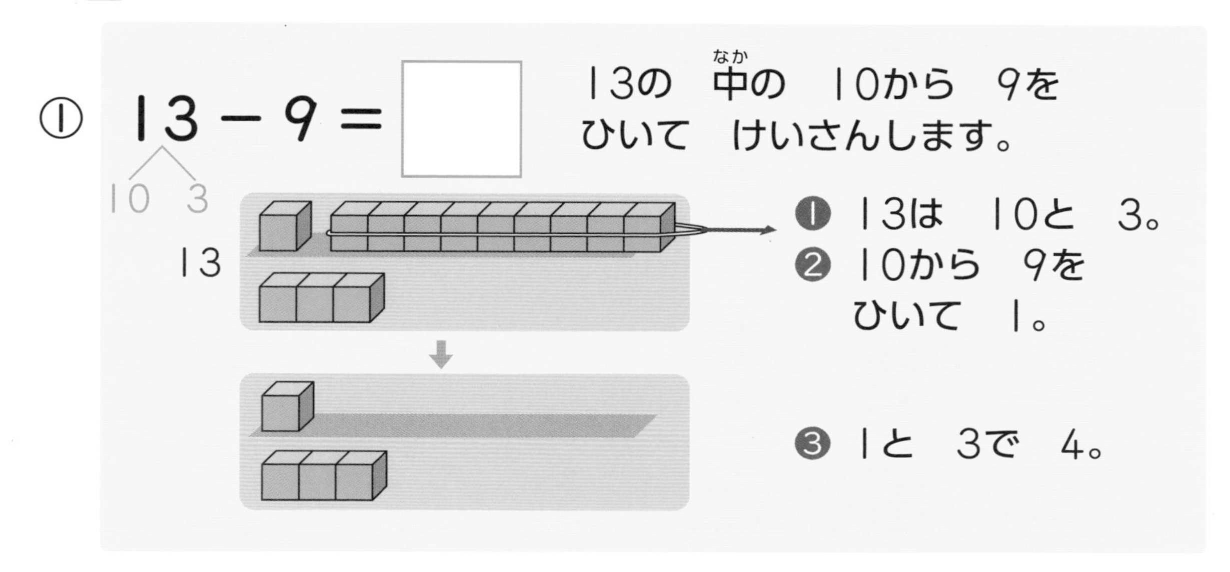

② 12 − 9 = □

③ 11 − 8 = □

④ 13 − 8 = □

⑤ 15 − 8 = □

⑥ 12 − 7 = □

2 ひきざんを　しましょう。

①～⑧1つ4てん，⑨～⑱1つ5てん【82てん】

① 11 − 9

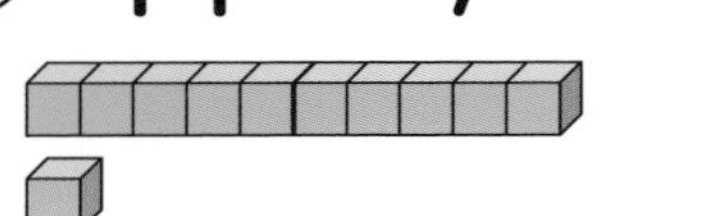

② 12 − 8

③ 13 − 7

④ 12 − 6

⑤ 14 − 9

⑥ 11 − 7

⑦ 16 − 9

⑧ 17 − 9

⑨ 16 − 8

⑩ 15 − 9

⑪ 11 − 5

⑫ 14 − 8

⑬ 13 − 6

⑭ 17 − 8

⑮ 12 − 5

⑯ 14 − 7

⑰ 18 − 9

⑱ 11 − 6

ひきざんが　できたね。すごいよ！

こたえ ▶ 93ページ

ひきざん (2)

30 くり下がりの　ある　ひきざんの　しかた②

月　日　とくてん　てん

1 をみて，ひきざんを　しましょう　1つ3てん【18てん】

① $12-3=$ □

あ，いの　どちらで　かんがえても　よいです。

あ　10から　3を　ひく。

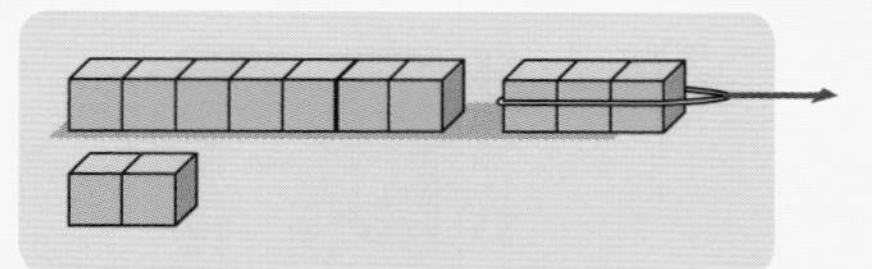

10から　3を　ひいて　7。

↓

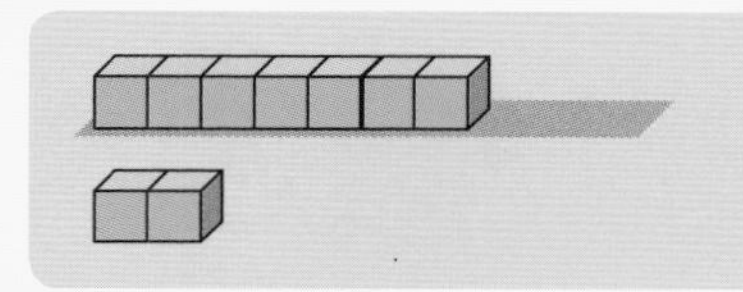

7と　2で　9。

い　3を　2と　1に　わけて　ひく。

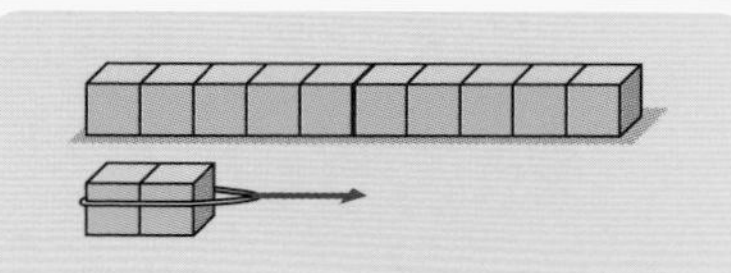

12から　2を　ひいて　10。

↓

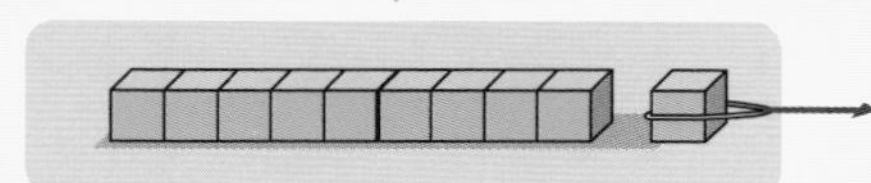

10から　1を　ひいて　9。

② $12-4=$ □

③ $11-3=$ □

④ $11-2=$ □

⑤ $13-4=$ □

⑥ $14-5=$ □

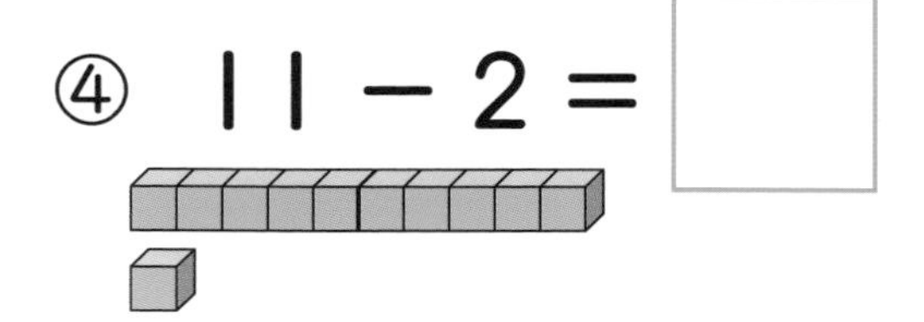

2 ひきざんを　しましょう。

①〜⑧1つ4てん，⑨〜⑱1つ5てん【82てん】

① 11 − 4

② 13 − 5

③ 13 − 4

④ 12 − 5

⑤ 11 − 3

⑥ 14 − 6

⑦ 11 − 2

⑧ 15 − 7

⑨ 13 − 6

⑩ 14 − 7

⑪ 16 − 8

⑫ 15 − 8

⑬ 15 − 6

⑭ 17 − 9

⑮ 17 − 8

⑯ 16 − 7

⑰ 16 − 9

⑱ 18 − 9

よく　かんがえて　けいさんできたね。

こたえ ▷ 94ページ

ひきざん (2)

31 くり下がりの　ある　ひきざんの　れんしゅう①

月　　日　10ぷん

とくてん　　　　てん

1 ひきざんを　しましょう。

1つ2てん【16てん】

① 12 − 9 = □

② 13 − 8 = □

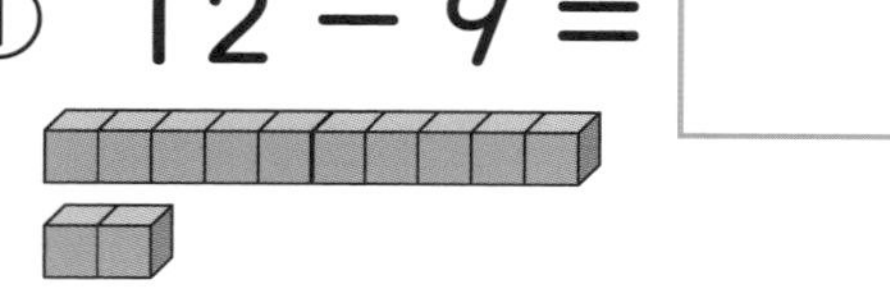

③ 11 − 7 = □

④ 14 − 9 = □

⑤ 12 − 8 = □

⑥ 13 − 7 = □

⑦ 15 − 9 = □

⑧ 12 − 7 = □

2 ひきざんを　しましょう。

1つ3てん【18てん】

① 11 − 2 = □

② 12 − 4 = □

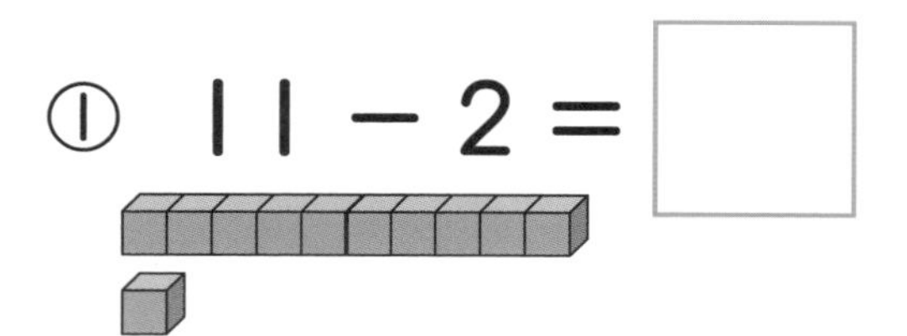

③ 14 − 5 = □

10から　ひいても　いいし、
はじめに　ばらから
ひいても　いいよ。

④ 12 − 5 = □

⑤ 16 − 7 = □

⑥ 11 − 4 = □

3 ひきざんを　しましょう。

1つ3てん【66てん】

① 11－8

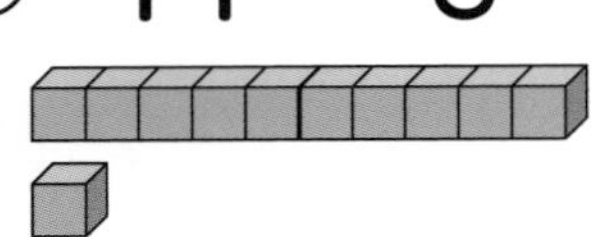

② 14－6

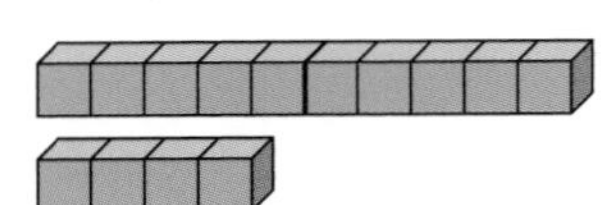

③ 13－9

④ 12－3

⑤ 13－5

⑥ 11－5

⑦ 15－7

⑧ 11－6

⑨ 13－4

⑩ 16－9

⑪ 17－8

⑫ 15－8

⑬ 18－9

⑭ 14－7

⑮ 17－9

⑯ 12－6

⑰ 11－3

⑱ 14－8

⑲ 15－6

⑳ 11－9

㉑ 16－8

㉒ 13－6

すごく　がんばったね。すばらしい！

こたえ ▷ 94ページ

32 くり下がりの　ある ひきざんの　れんしゅう②

月　日
とくてん
てん
10ぷん

1 ひきざんを　しましょう。 1つ2てん【32てん】

① 12－8＝□　② 14－5＝□

③ 16－9＝□　④ 11－2＝□

⑤ 11－7＝□　⑥ 13－8＝□

⑦ 15－7＝□　⑧ 11－9＝□

⑨ 14－6＝□　⑩ 17－8＝□

⑪ 11－5＝□　⑫ 14－7＝□

⑬ 18－9＝□　⑭ 13－6＝□

⑮ 12－4＝□

⑯ 11－6＝□

はりきって
うらへ
すすもう！

2 ひきざんを　しましょう。

①～④1つ2てん，⑤～㉔1つ3てん【68てん】

① 13－4	② 14－8
③ 12－9	④ 17－9
⑤ 15－6	⑥ 11－8
⑦ 13－7	⑧ 12－5
⑨ 16－8	⑩ 12－7
⑪ 15－9	⑫ 11－3
⑬ 12－6	⑭ 16－7
⑮ 13－5	⑯ 12－3
⑰ 14－9	⑱ 13－9
⑲ 13－6	⑳ 15－8
㉑ 14－7	㉒ 17－8
㉓ 11－4	㉔ 12－4

ひきざんが　たくさん　できたね。すごいよ。

こたえ ▶ 94ページ

33 くり下がりの　ある ひきざんの　れんしゅう③

月　　日　10ぷん

とくてん

てん

1 ひきざんを　しましょう。　1つ2てん【36てん】

① $13-9=$ □　② $11-3=$ □

③ $11-7=$ □　④ $17-8=$ □

⑤ $12-5=$ □　⑥ $15-9=$ □

⑦ $11-2=$ □　⑧ $12-7=$ □

⑨ $15-7=$ □　⑩ $14-5=$ □

⑪ $13-5=$ □　⑫ $16-9=$ □

⑬ $11-9=$ □　⑭ $12-9=$ □

⑮ $12-4=$ □　⑯ $14-6=$ □

⑰ $13-8=$ □　⑱ $11-5=$ □

2 ひきざんを　しましょう。

①，②1つ2てん，③～㉒1つ3てん【64てん】

① 11－8　② 12－3

③ 14－6　④ 11－6

⑤ 12－8　⑥ 15－6

⑦ 14－9　⑧ 13－4

⑨ 16－9　⑩ 15－8

⑪ 13－7　⑫ 11－4

⑬ 17－9　⑭ 13－6

⑮ 11－7　⑯ 16－8

⑰ 14－8　⑱ 12－4

⑲ 12－6　⑳ 18－9

㉑ 16－7

㉒ 14－7

まちがえた　ひきざんは
できるように　して　おこうね。

ひきざんも　ばっちりだね。すごいよ！

こたえ ▷ 94ページ

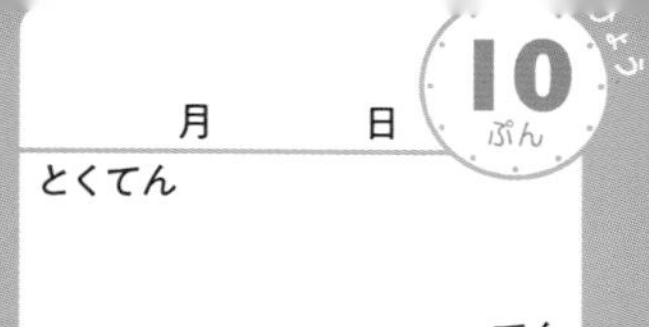

大きな　かずの　けいさん

34 なん十の たしざんの　しかた

1 ずを　みて，たしざんを　しましょう。

1つ3てん【12てん】

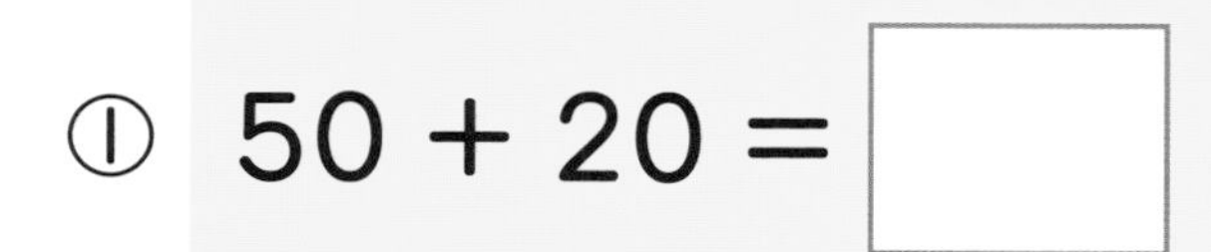

① $50 + 20 =$ □

50　+ 20

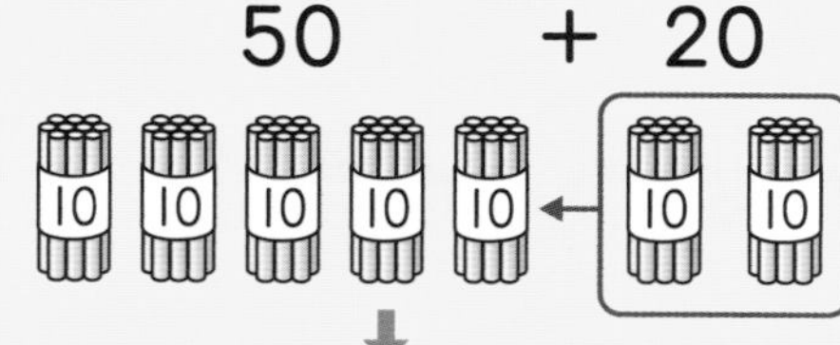

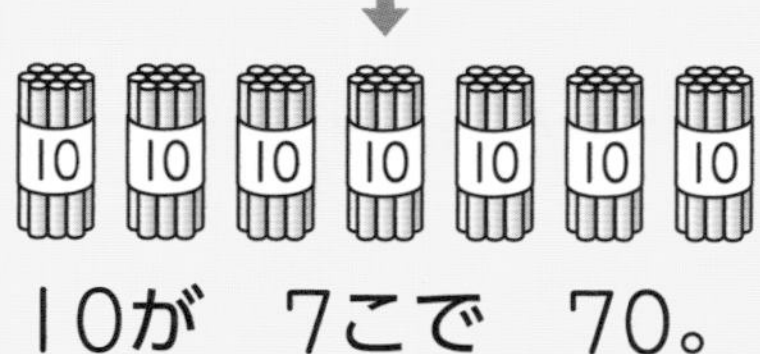

10が　7こで　70。

② $20 + 30 =$ □

③ $40 + 30 =$ □

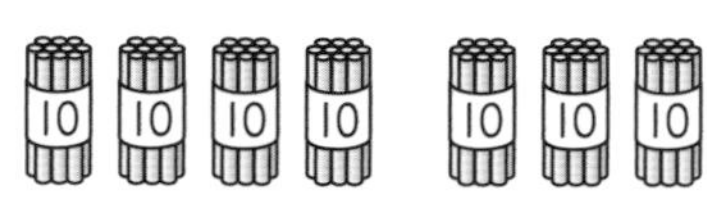

④ $90 + 10 =$ □

2 たしざんを　しましょう。

1つ4てん【16てん】

① $30 + 10 =$ □

② $50 + 30 =$ □

③ $40 + 20 =$ □

④ $30 + 60 =$ □

3 たしざんを　しましょう。

①〜⑧1つ4てん，⑨〜⑯1つ5てん【72てん】

① 40 + 10

② 30 + 30

③ 30 + 50

④ 80 + 20

⑤ 20 + 20

⑥ 10 + 50

⑦ 30 + 20

⑧ 50 + 40

⑨ 10 + 60

⑩ 70 + 20

⑪ 20 + 60

⑫ 60 + 10

⑬ 40 + 40

⑭ 20 + 40

⑮ 50 + 50

⑯ 60 + 40

なん十(じゅう)の　たしざんが　できたね！

こたえ ▶ 95ページ

35 なん十の ひきざんの　しかた

月　　日　10ぷん

とくてん　　　てん

1 ずを　みて，ひきざんを　しましょう。

1つ3てん【12てん】

① $60 - 20 =$ □

60

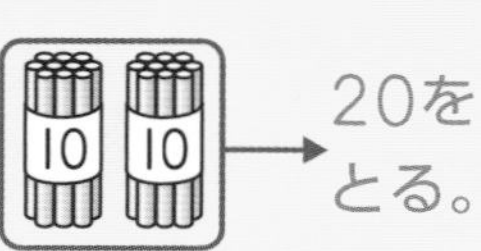

のこりは，
10が　4こで　40。

② $50 - 30 =$ □

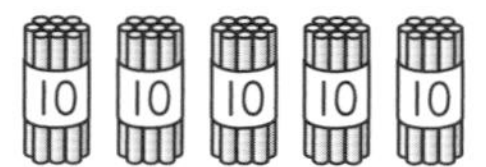

③ $70 - 10 =$ □

④ $100 - 50 =$ □

2 ひきざんを　しましょう。

1つ4てん【16てん】

① $40 - 10 =$ □

② $50 - 20 =$ □

③ $60 - 40 =$ □

④ $70 - 20 =$ □

3 ひきざんを　しましょう。

①～⑧1つ4てん，⑨～⑯1つ5てん【72てん】

① 40 － 20

② 60 － 30

③ 70 － 50

④ 100 － 20

⑤ 30 － 20

⑥ 60 － 10

⑦ 50 － 10

⑧ 90 － 50

⑨ 80 － 30

⑩ 60 － 50

⑪ 70 － 30

⑫ 90 － 40

⑬ 90 － 20

⑭ 70 － 40

⑮ 100 － 60

⑯ 100 － 30

なん十(じゅう)の　ひきざんも　できたね。えらい！

こたえ ▶ 95ページ

36 100までの　かずの　たしざんの　しかた

大きな　かずの　けいさん

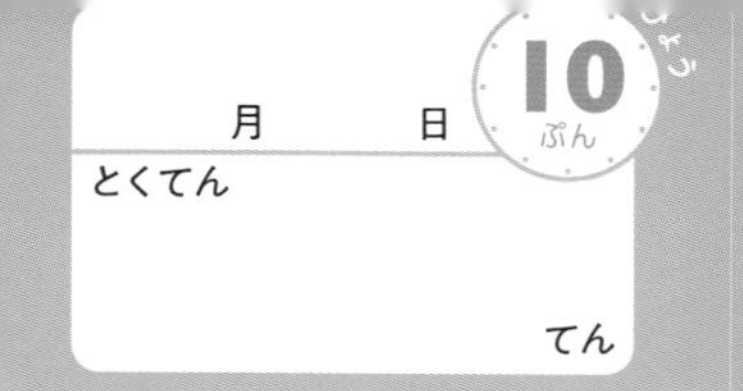

1 たしざんを　しましょう。

①2てん，②，③1つ3てん【8てん】

① 30 + 5 = □

30 + 5

30と　5で
35。

なん十と　いくつで
けいさんできるね。

② 20 + 3 = □　　③ 50 + 1 = □

2 たしざんを　しましょう。

1つ4てん【20てん】

① 25 + 2 = □

25 + 2

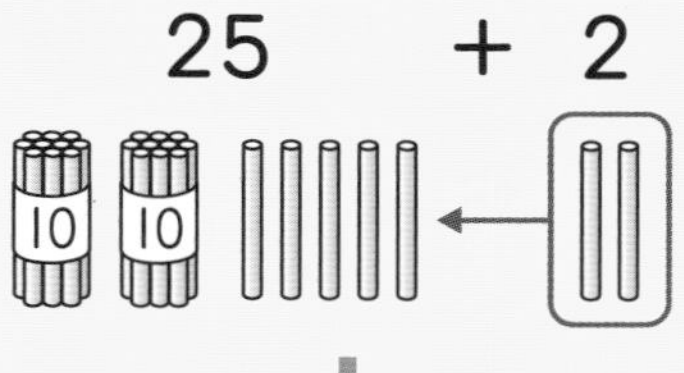

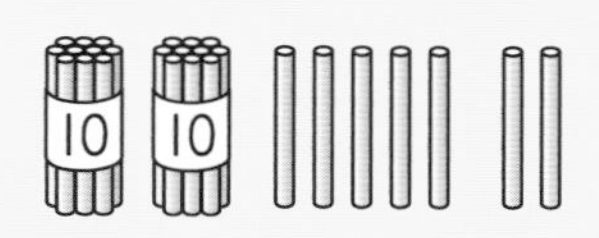

❶ 25は　20と
5。
❷ 5 + 2で　7。
❸ 20と　7で
27。

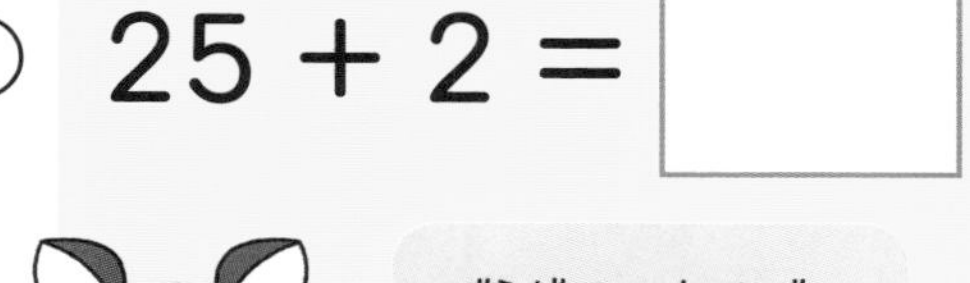

ばらだけ　たせば
できるね。

② 42 + 3 = □　　③ 32 + 1 = □

④ 52 + 5 = □　　⑤ 63 + 3 = □

3 たしざんを　しましょう。

1つ4てん【24てん】

① $30 + 4$　② $20 + 5$

③ $70 + 6$　④ $60 + 9$

⑤ $90 + 7$　⑥ $80 + 2$

4 たしざんを　しましょう。

1つ4てん【48てん】

① $32 + 4$　② $43 + 5$

③ $23 + 2$　④ $51 + 6$

⑤ $64 + 3$　⑥ $26 + 1$

⑦ $92 + 2$　⑧ $42 + 6$

⑨ $83 + 4$　⑩ $73 + 6$

⑪ $64 + 5$　⑫ $54 + 2$

すごく　がんばったね。えらいよ！

こたえ ▶ 95ページ

大きな　かずの　けいさん

37 100までの　かずの　ひきざんの　しかた

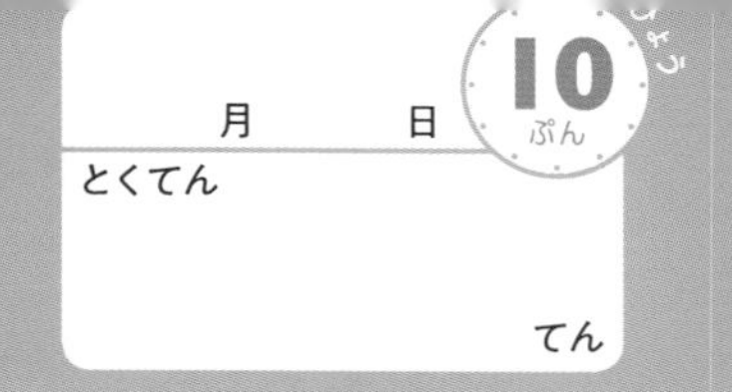

1 ひきざんを　しましょう。

①2てん，②，③1つ3てん【8てん】

① $34 - 4 =$ □

34

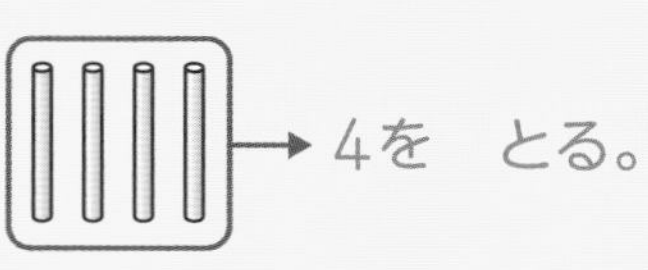

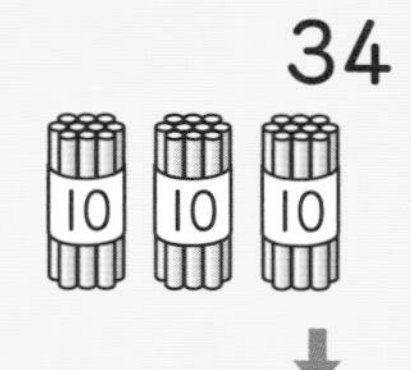

❶ 34は　30と　4。
❷ 4を　とると，
のこりは　30。

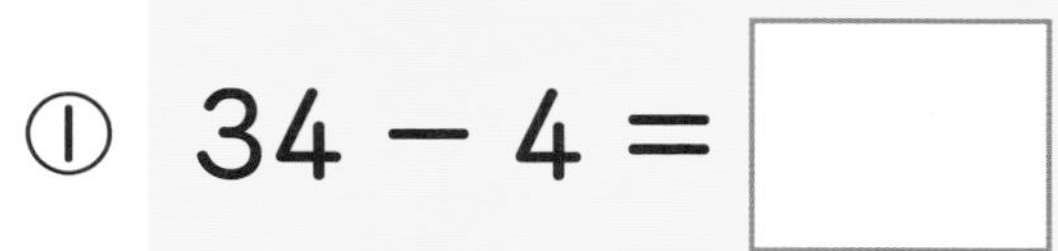

② $52 - 2 =$ □　③ $26 - 6 =$ □

2 ひきざんを　しましょう。

1つ4てん【20てん】

① $35 - 3 =$ □

35

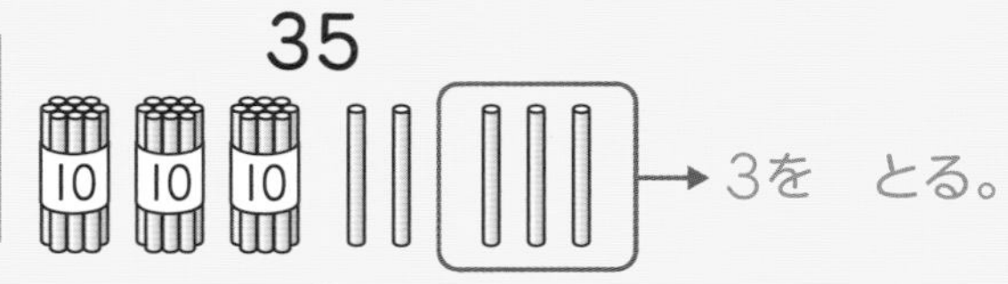

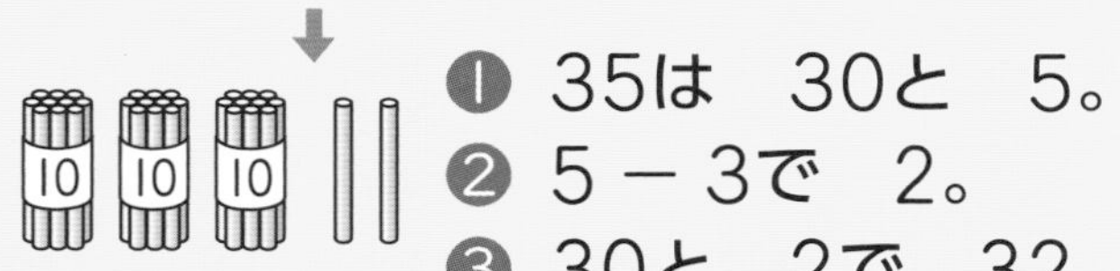

❶ 35は　30と　5。
❷ 5 − 3で　2。
❸ 30と　2で　32。

② $27 - 5 =$ □　③ $46 - 1 =$ □

④ $56 - 3 =$ □　⑤ $64 - 2 =$ □

3 ひきざんを　しましょう。

1つ4てん【24てん】

① 53 − 3　　② 25 − 5

③ 81 − 1　　④ 64 − 4

⑤ 48 − 8　　⑥ 77 − 7

4 ひきざんを　しましょう。

1つ4てん【48てん】

① 45 − 2　　② 38 − 3

10 10 10 10　　10 10 10

③ 26 − 4　　④ 58 − 1

⑤ 77 − 2　　⑥ 69 − 5

⑦ 47 − 4　　⑧ 88 − 2

⑨ 39 − 7　　⑩ 97 − 6

⑪ 78 − 4　　⑫ 59 − 3

ひきざんも　ばっちりだね。すごいよ！

こたえ ▶ 96ページ

38 大きな　かずの　けいさんの　れんしゅう

月　　日　10ぷん

とくてん　　　てん

1 けいさんを　しましょう。

1つ2てん【16てん】

① $30+30=$ □　② $70+10=$ □

③ $30+40=$ □　④ $20+80=$ □

⑤ $80-50=$ □　⑥ $90-30=$ □

⑦ $90-70=$ □　⑧ $100-40=$ □

2 けいさんを　しましょう。

1つ2てん【16てん】

① $40+3=$ □　② $80+5=$ □

③ $56+2=$ □　④ $62+7=$ □

⑤ $72-2=$ □　⑥ $95-5=$ □

⑦ $35-4=$ □

⑧ $68-2=$ □

もう　すこしだよ。
がんばって！

3 けいさんを　しましょう。

①～④1つ2てん，⑤～㉔1つ3てん【68てん】

① 20 ＋ 50　　② 50 ＋ 2

③ 35 ＋ 3　　④ 87 ＋ 2

⑤ 50 ＋ 10　　⑥ 60 ＋ 3

⑦ 70 ＋ 7　　⑧ 64 ＋ 2

⑨ 60 ＋ 30　　⑩ 73 ＋ 4

⑪ 92 ＋ 6　　⑫ 70 ＋ 30

⑬ 42 － 2　　⑭ 80 － 40

⑮ 75 － 2　　⑯ 68 － 8

⑰ 89 － 5　　⑱ 90 － 60

⑲ 85 － 5　　⑳ 58 － 7

㉑ 80 － 60　　㉒ 67 － 3

㉓ 96 － 2　　㉔ 100 － 80

つぎは　パズルで，さいごは　まとめテストだよ！

こたえ ▶ 96ページ

［てがみを　よもう！］

1 くまさんから　てがみが　とどきました。なんと　かいて　あるのかな。

うさぎさんへ

●てがみの　よみかた●

けいさんしりとりだよ。9＋3から　けいさんを　して，その　こたえの　かずから　はじまる　しきの　もじを　じゅんに　よんで　いってね。

〈れい〉

5+3=8

く　8−6=2

ま　2+5=7

➡「くま」

スタート（すたあと）　9＋3＝	ま　12−7＝
ん　11＋3＝	あ　13−9＝
た　5＋8＝	で　14−8＝
そ　4＋7＝	ね　6＋9＝

☆さいごの　こたえは　15に　なるよ。

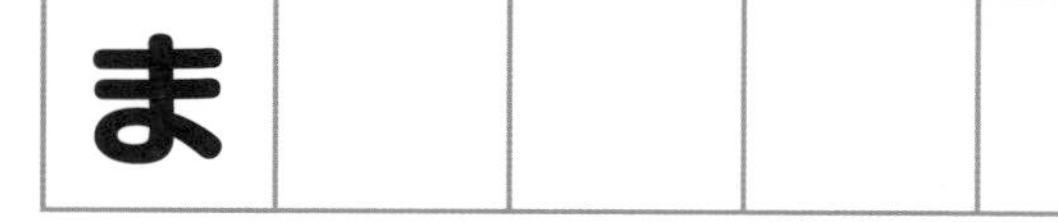

。

2 うさぎさんから　へんじの　てがみが　とどきました。
なんと　かいて　あるのかな。

くまさんへ

よみかたは　くまさんの　てがみと　おなじだよ。
けいさんしりとりで　よんでね。

スタート（すたあと）	50－10＝
だ	35＋3＝
と	100－70＝
ち	38－6＝
っ	80－60＝
と	20＋80＝
だ	32＋7＝
ず	40＋40＝
も	30＋5＝
よ	39－3＝

☆さいごの　こたえは　36だよ。

。

こたえ ▶ 96ページ

40 まとめテスト

なまえ

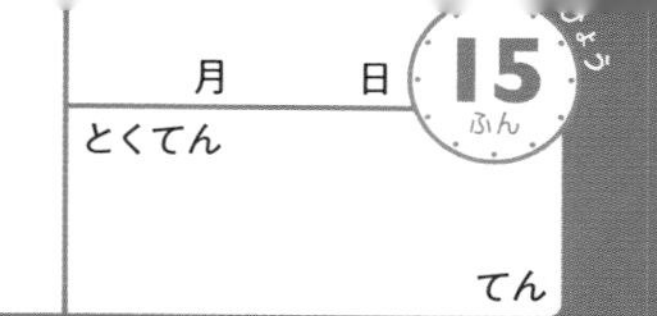

1 けいさんを　しましょう。

1つ2てん【16てん】

① $5+2$　② $7+3$

③ $0+8$　④ $6-2$

⑤ $10-4$　⑥ $9-9$

⑦ $12+4$　⑧ $18-5$

2 けいさんを　しましょう。

1つ2てん【8てん】

① $4+6+2$　② $13-3-7$

③ $10-8+5$　④ $6+4-2$

3 けいさんを　しましょう。

1つ2てん【12てん】

① $9+5$　② $4+8$

③ $6+7$　④ $13-9$

⑤ $12-4$　⑥ $14-7$

4 けいさんを　しましょう。

1つ2てん【12てん】

① $30+40$　② $80+20$

③ $90-30$　④ $100-60$

⑤ $46+3$　⑥ $78-4$

5 けいさんを　しましょう。　　1つ2てん【52てん】

① $6 + 2$　　② $11 + 6$

③ $8 + 7$　　④ $2 + 8$

⑤ $1 + 0$　　⑥ $20 + 60$

⑦ $60 + 2$　　⑧ $7 + 6$

⑨ $9 + 8$　　⑩ $4 + 7$

⑪ $4 + 1 + 5$　　⑫ $60 + 40$

⑬ $3 + 7 - 8$　　⑭ $10 - 3$

⑮ $18 - 8$　　⑯ $17 - 8$

⑰ $11 - 3$　　⑱ $9 - 7$

⑲ $6 - 0$　　⑳ $13 - 6$

㉑ $11 - 1 - 6$　　㉒ $89 - 6$

㉓ $90 - 60$　　㉔ $12 - 7$

㉕ $100 - 30$　　㉖ $10 - 5 + 3$

こたえ ▶ 96ページ

こたえとアドバイス

おうちの方へ
▶まちがえた問題は，何度も練習させましょう。
▶アドバイスも参考に，お子さまに指導してあげてください。

1 10までの　かず① 5~6ページ

1 ① 1111　⑥ 6666
② 2222　⑦ 7777
③ 3333　⑧ 8888
④ 4444　⑨ 9999
⑤ 5555　⑩ 10101010

2 ①3　②4　③9　④7　⑤10

3 ①
②
③

アドバイス　10までの数の学習です。動物や果物などの具体物と，「いち」，「に」，「さん」，…などの数詞，数字の関係をよく理解させましょう。

3　左から順にぬらせましょう。

2 10までの　かず② 7~8ページ

1 ①5に○
②8に○

2 左から
1，2，3，4，
5，6，7，8，
9，10

3 ①2　②1
③0

4 ①4に○
②5に○
③7に○
④10に○

5 ①左から
4，7
②左から
6，10
③5　④9

6 ①3　②0
③1

アドバイス　10までの数の大きさ，並び方，0という数の学習です。

3　「1つもない」とき，0と表すことをよく理解させましょう。

4　わからなければ，おはじきなどを数だけ並べて比べさせましょう。

5　このような問題では，まずいくつずつ増えて（減って）いるか確かめることが大切です。ここでは，どれも1ずつ増えています。

3 いくつと　いくつ① 9~10ページ

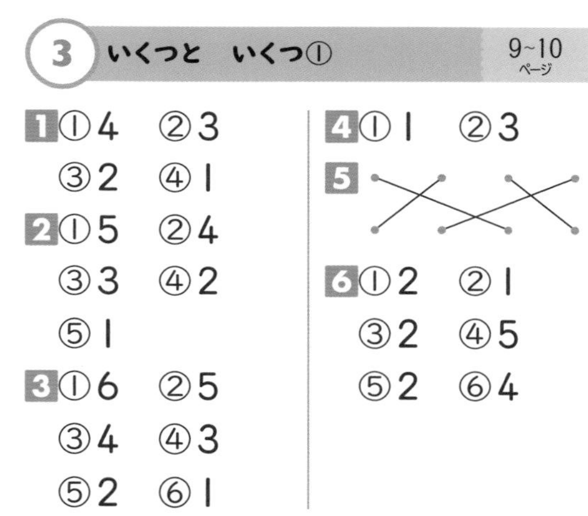

1 ①4　②3
③2　④1

2 ①5　②4
③3　④2
⑤1

3 ①6　②5
③4　④3
⑤2　⑥1

4 ①1　②3

5

6 ①2　②1
③2　④5
⑤2　⑥4

アドバイス　5，6，7のそれぞれの数の構成（いくつといくつ）を理解します。例えば5であれば，「5は3と2」という数の分解の見方と，「3と2で5」という数の合成の見方があります。数をこの両面からとらえられることが大切です。

4　場面が読み取れなければ，例えば①なら，「6は5といくつ」，または「5といくつで6」と聞いて考えさせましょう。

4 いくつと　いくつ②　11~12ページ

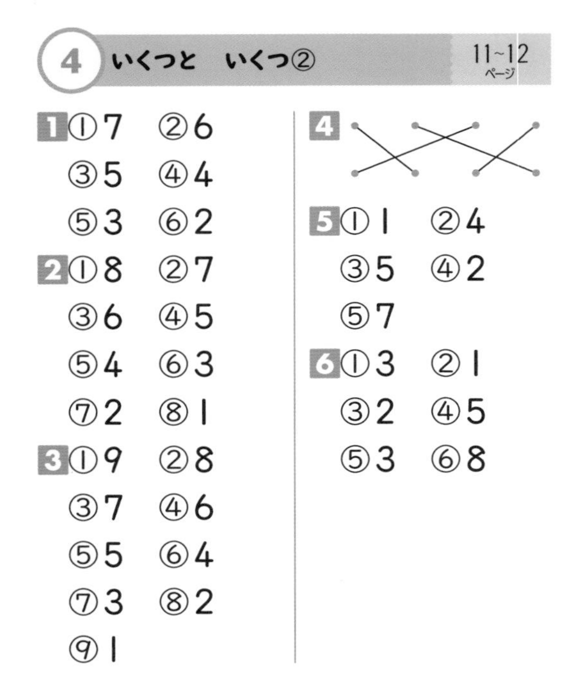

1 ①7　②6
③5　④4
⑤3　⑥2

2 ①8　②7
③6　④5
⑤4　⑥3
⑦2　⑧1

3 ①9　②8
③7　④6
⑤5　⑥4
⑦3　⑧2
⑨1

4

5 ①1　②4
③5　④2
⑤7

6 ①3　②1
③2　④5
⑤3　⑥8

アドバイス　8，9，10のそれぞれの数の構成を理解します。特に10の構成は大切で，後半に学習するくり上がりのあるたし算や，くり下がりのあるひき算の仕方を考えるときに必要となります。

1，**2**，**3**は，それぞれの数の構成を順に扱っています。8は「1と7」，「2と6」，「3と5」，…のように，順に見て，左の数が1増えると右の数は1減るという関係に目を向けさせるとよいでしょう。

5 いくつと　いくつの　れんしゅう　13~14ページ

1 ①3
②2
③1　④4
⑤4　⑥5
⑦6　⑧3

2

3 ①2　②3
③6

4 ①1　②4
③3　④2

5 ①4　②2
③7

アドバイス　5から10までの数の構成の練習です。その数になる2つの数の組み合わせを，それぞれすべての場合について考えられるようにしておくことが大切です。

3　果物の数を数字で書かせてから，例えば①では「7は5といくつ」や「5といくつで7」と考えさせましょう。

5　問題の意味がわからず，皿に残ったあめの数を書いてしまうことがあります。答えるのは食べたあめの数であり，例えば①であれば「10は6といくつ」や「6といくつで10」と考えることを話してください。

6 たしざんの　しかた①　15~16ページ

1 ①5
②3　③4
④5　⑤6
⑥6　⑦8

2 ①8
②7　③9
④9　⑤8

3 ①3　②6
③2　④4
⑤5　⑥4
⑦7　⑧5

4 ①7　②6
③8　④7
⑤6　⑥9
⑦9　⑧8

アドバイス　ここからは，答えが10以内のたし算の学習です。この6回では，たされる数とたす数が5以下の場合です。はじめての計算なので，「たし算」という言葉や式の読み方も理解させましょう。

3，**4**　ブロックの図がないものは，数をイメージして計算できることが望ましいですが，無理な場合はおはじきなどを与えて考えさせましょう。

7 たしざんの　しかた② 17~18ページ

1 ①9
②9　③8
④8　⑤9
⑥10　⑦10

2 ①9
②9　③8
④8　⑤9

3 ①9　②10
③7　④9
⑤8　⑥8
⑦10　⑧10

4 ①7　②10
③10　④9
⑤8　⑥10
⑦10　⑧10

アドバイス　たされる数とたす数のどちらかが5以上の場合のたし算です。数が大きいので，まちがえないようにていねいに計算させましょう。

また，答えが10になるたし算は特に重要です。10になる数の組み合わせを身につけさせることが大切です。

2　**1**と，たされる数とたす数が，それぞれ入れかわっています。計算をしたあと，同じ番号の答えを見比べさせて，同じ答えになっていることを確かめさせましょう。たされる数とたす数が入れかわっても，答えは同じになることに気づかせるとよいです。

8 たしざんの　れんしゅう① 19~20ページ

1 ①4　②6
③5　④3
⑤4　⑥6
⑦7　⑧6
⑨7　⑩8

2 ①7　②6
③8　④9
⑤7　⑥6

3 ①7　②10
③9　④9
⑤8　⑥10
⑦8
⑧10

4 ①8　②10
③9　④10
⑤10　⑥9
⑦8　⑧10

アドバイス　答えが10以内のたし算の練習です。よくまちがえるたし算をチェックしてやり直させ，少しずつミスを減らしていきながら，すべてのたし算が正しくできるようになることを目標に取り組ませましょう。

9 たしざんの　れんしゅう② 21~22ページ

1 ①3　②5
③4　④7
⑤6　⑥6
⑦8　⑧6
⑨7　⑩9
⑪8　⑫10
⑬9　⑭10
⑮8　⑯10
⑰7　⑱10

2 ①5
②7
③5　④4
⑤9　⑥8
⑦6　⑧10
⑨9　⑩10
⑪9　⑫8
⑬10　⑭8
⑮10　⑯7
⑰9　⑱10
⑲5　⑳9
㉑7　㉒9
㉓6　㉔8

アドバイス　答えが10以内のたし算の練習です。答えが10以内のたし算は，0のたし算を除いて全部で45通りあります。そのすべてのたし算について，式を見たら反射的に答えが出るようになるまで練習することが大切です。練習が足りないようであれば，毎日のドリル「たし算」などを使って練習を続けさせましょう。

2　ここでは，「＝」をつけて答えを書きます。面倒がらずに書くように指導してください。ちなみに，「＝」は右のように書きます。

①→
②→

10 ひきざんの　しかた① 23~24ページ

1 ①3
②2　③4
④2　⑤1

2 ①2
②1　③4
④3　⑤5
⑥5　⑦5

3 ①1　②3
③2　④1
⑤1　⑥2
⑦1　⑧3

4 ①3　②5
③1　④5
⑤4　⑥5
⑦2　⑧5

アドバイス　ここからは，ひかれる数が10以内のひき算の学習です。この10回では，5以下の数どうしのひき算と，5をひくひき算，答えが5になるひき算の学習です。はじめてのひき算なので，「ひき算」という言葉や式の読み方も理解させましょう。

1，**2**　ブロックの図をもとにして計算しますが，まちがいが多いようであれば，ひく数だけ線で囲んで考えさせるとよいです。

3，**4**　ブロックの図がないものは，数をイメージして計算できることが望ましいですが，おはじきなどを与えて考えさせてもよいでしょう。

11 ひきざんの　しかた② 25~26ページ

1 ①4
②6　③4
④7　⑤6

2 ①3
②1　③2
④2
⑤1

3 ①3　②8
③6　④6
⑤3　⑥7
⑦2　⑧7

4 ①2　②2
③1　④1
⑤1　⑥3
⑦5　⑧4

アドバイス　ひかれる数が6～10の場合のひき算です。ひかれる数が大きくなると，まちがいが少し多くなります。ゆっくりていねいに計算させましょう。

ひき算は，「いくつといくつ」の数の構成をもとにして考えることもできます。例えば「10−3」では，「10は3と7」だから，「10から3を取れば，7残る。」と考えられます。

12 ひきざんの　れんしゅう① 27~28ページ

1 ①1　②1
③2　④3
⑤2　⑥4
⑦1　⑧2

2 ①4　②5
③1　④5
⑤5　⑥5
⑦2　⑧3

3 ①4　②9
③4　④8
⑤3　⑥7
⑦2　⑧7
⑨8　⑩4

4 ①2　②4
③1　④2
⑤1
⑥1

アドバイス　ひかれる数が10以内のひき算の練習です。ひかれる数が10以内のひき算は，0のひき算を除いて全部で45通りあります。そのすべてのひき算について，式を見たら反射的に答えが出るようになるまで練習することが大切です。

また，ひき算は，考えにくいことやそのイメージなどから，たし算に比べて苦手とするお子さまが多いようです。その分，たし算よりも練習が必要といえます。練習が足りないようであれば，毎日のドリル「ひき算」などを使って習熟をはかりましょう。

13 ひきざんの　れんしゅう②　29~30ページ

1 ①1　②2
③3　④5
⑤2　⑥4
⑦3　⑧1
⑨5　⑩3
⑪3　⑫8
⑬4　⑭9
⑮4　⑯4
⑰7　⑱1

2 ①1
②2
③1　④1
⑤5　⑥4
⑦5　⑧6
⑨5　⑩1
⑪2　⑫2
⑬6　⑭2
⑮3　⑯2
⑰7　⑱3
⑲6　⑳6
㉑3　㉒4
㉓2　㉔8

14 さんすうパズル　31~32ページ

1 うさぎと　へび

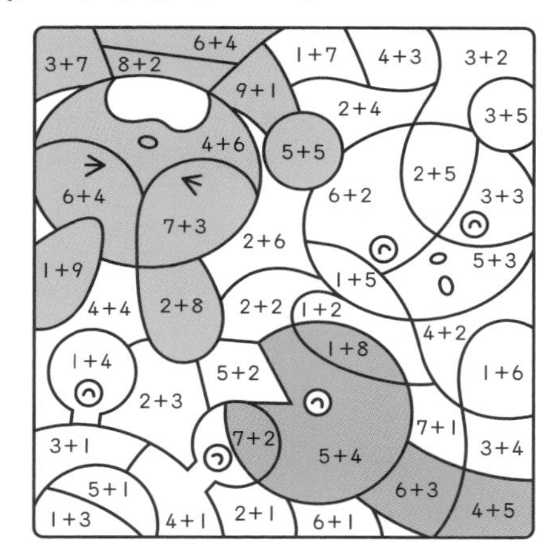

2 かぶとむし

4−2	1	1	2	3	3	3	3	4	4	4	2	1	1
7−6	2	2	1	4	4	2	2	3	3	3	1	2	2
8−3	6	6	5	4	5	5	5	5	5	4	5	6	6
10−7	2	4	3	3	3	3	2	3	3	3	3	4	2
8−4	4	3	3	4	4	4	5	4	4	4	3	3	4
9−2	7	8	8	7	7	7	6	7	7	7	8	8	7
7−1	6	6	6	6	6	6	7	6	6	6	6	6	6
10−1	8	7	8	9	9	9	8	9	9	9	8	7	8
10−2	9	8	8	8	7	7	9	7	7	8	8	8	9
6−4	3	2	4	5	2	2	2	2	2	5	4	2	3
8−2	7	6	5	7	5	6	6	6	5	7	5	6	7
10−6	1	2	3	3	2	1	4	1	2	3	3	2	1
10−3	8	8	9	9	9	6	7	6	9	9	9	8	8
9−4	4	4	6	6	5	5	5	5	5	6	6	4	4
7−4	5	4	2	2	3	4	4	4	3	2	2	4	5

15 0の　けいさんの　しかた　33~34ページ

1 ①3
②2
③0

2 ①0
②2
③0

3 ①2　②1
③0　④3

4 ①5　②7
③4　④1
⑤9　⑥6
⑦0　⑧1
⑨6　⑩0
⑪0　⑫7
⑬0　⑭9

アドバイス　0を含むたし算とひき算の学習です。

4　**1**, **2**のように，玉入れをしたときの様子など，具体的な場面をもとにして考えさせましょう。

16 20までの　かず　35~36ページ

1 ①12　②14
③16　④18
⑤20

2 ①15
②5
③10
④13　⑤17
⑥1　⑦10

3 あ11　い15
う19

4 ①12
②17
③16

5 ①左から
12, 13, 15
②左から
18, 17
③左から
14, 20

アドバイス　11から20までの数の学習です。20までの数を，「10といくつで10いくつ」ととらえることが大切になります。

5　まず，いくつずつ大きく（小さく）なっているかを考えさせましょう。

17 20までの　かずの　たしざんの　しかた　37~38ページ

1 ①13　②15
③11　④14

2 ①15
②17
③14　④15

3 ①12　②17
③14　④19
⑤18　⑥16

4 ①13　②16
③15　④17
⑤19　⑥18
⑦19　⑧18
⑨18　⑩19
⑪17　⑫19

アドバイス　10や10いくつに1けたの数をたす計算です。

1　10に1けたの数をたす計算です。「10といくつで10いくつ」という，20までの数の構成をもとにして計算できます。例えば③で，「10+1=101」とまちがえる場合があります。「10いくつ」の数字の表し方に注意させましょう。

2　10いくつに1けたの数をたす計算です。ばら（端数）だけ計算すれば，「10といくつで10いくつ」で求められることを理解させましょう。

18 20までの　かずの　ひきざんの　しかた　39~40ページ

1 ①10　②10
③10　④10

2 ①12
②13
③11　④13

3 ①10　②10
③10　④10
⑤10　⑥10

4 ①13　②11
③12　④15
⑤14　⑥11
⑦17　⑧12
⑨15　⑩12
⑪14　⑫17

アドバイス　「10いくつ−いくつ=10」と「10いくつ−1けたの数=10いくつ」の計算です。

1　「10いくつ−いくつ=10」の計算です。20までの数の構成をもとにして，例えば①を言葉で説明すると次のようになります。

❶ 12は10と2。

❷ 12から2を取ると，残りは10。

2　「10いくつ−1けたの数=10いくつ」の計算です。ばら（端数）だけ計算すれば，「10といくつで10いくつ」で求められます。この計算は，ひかれる数が10以内のひき算をするため，まちがいが少し多くなります。ゆっくりていねいに計算させましょう。

19 20までの　かずの　けいさんの　れんしゅう　41~42ページ

1 ①14　②14
③16　④19
⑤18　⑥11
⑦15　⑧17
⑨17　⑩18
⑪16　⑫15
⑬18　⑭19
⑮17　⑯19

2 ①10　②12
③10
④11
⑤10　⑥14
⑦11　⑧10
⑨15　⑩16
⑪15　⑫13
⑬10　⑭14
⑮13　⑯10
⑰13　⑱16

アドバイス　20までの数の計算の練習です。形式的には計算ですが，20までの数の構成（10といくつで10いくつ）の理解を深めることが大きなねらいです。

20 3つの かずの たしざんの しかた 43~44ページ

1 ①8 ②6 ③8 ④7 ⑤10

2 ①13 ②12 ③15 ④14 ⑤17

3 ①5 ②7 ③8 ④9 ⑤7 ⑥8 ⑦10 ⑧10

4 ①11 ②12 ③13 ④15 ⑤17 ⑥14 ⑦16 ⑧19

アドバイス 3つの数を続けてたす計算の学習です。1年生の3つの数のたし算は，前から順にたしていくことが原則です。はじめの2つの数のたし算の答えを式の近くに書かせ，残りの数をたすようにすると，まちがいが防げます。

2 「10+3」のような，17回で学習した計算が含まれます。注意して計算させましょう。

21 3つの かずの ひきざんの しかた 45~46ページ

1 ①3 ②3 ③2 ④2 ⑤4

2 ①5 ②1 ③2 ④6 ⑤4

3 ①4 ②4 ③6 ④1 ⑤2 ⑥4 ⑦3 ⑧3

4 ①9 ②4 ③5 ④3 ⑤6 ⑥1 ⑦8 ⑧7

アドバイス 2つの数を続けてひく計算です。前から順に計算します。

2 「13−3」のような，18回で学習した計算が含まれます。注意して計算させましょう。

22 3つの かずの けいさんの しかた 47~48ページ

1 ①6 ②8 ③6 ④5 ⑤9

2 ①4 ②3 ③6 ④4 ⑤8

3 ①6 ②3 ③8 ④7 ⑤4 ⑥8 ⑦9 ⑧7

4 ①4 ②3 ③4 ④3 ⑤2 ⑥7 ⑦2 ⑧6

アドバイス ひき算とたし算の混じった3つの数の計算です。ひくのかたすのかに注意して計算させましょう。

ひき算とたし算が混じっていても，前から順に計算していくことが原則です。はじめの2つの数の計算の答えを式の近くに書かせ，残りの数との計算をさせましょう。

1 このタイプの計算は，計算しやすいたし算を先に計算してまちがえる場合があります。注意させましょう。

23 3つの かずの けいさんの れんしゅう 49~50ページ

1 ①6 ②8 ③10 ④16 ⑤10 ⑥19 ⑦3 ⑧1 ⑨3 ⑩8 ⑪7 ⑫5 ⑬6 ⑭7 ⑮8 ⑯3 ⑰9 ⑱6

2 ①8 ②7 ③9 ④6 ⑤2 ⑥5 ⑦7 ⑧4 ⑨4 ⑩4 ⑪17 ⑫7 ⑬5 ⑭4 ⑮10 ⑯2 ⑰11 ⑱7 ⑲9 ⑳4 ㉑5 ㉒19

24 くり上がりの　ある　たしざんの　しかた① 51~52ページ

1 ①13
②12　③14
④12　⑤11
⑥11　⑦13

2 ①15　②13
③14　④12
⑤11　⑥14
⑦13　⑧12
⑨17　⑩16
⑪18　⑫12
⑬14　⑭11
⑮16　⑯13
⑰12　⑱11

アドバイス　くり上がりのあるたし算の学習です。この24回では，たされる数が6以上の計算です。

まず，計算の仕方をよく理解させましょう。10を作ると計算しやすいことから，たす数を分解し，たされる数で10を作り，残りの数をたします。例えば「7+4」は，右のように考えて計算します。

7 + 4
10　3　1

この計算の仕方は，たす数（加数）を分解して計算することから，「加数分解」といいます。

25 くり上がりの　ある　たしざんの　しかた② 53~54ページ

1 ①13
②12
③11　④13
⑤12　⑥13

2 ①11　②15
③13　④11
⑤13　⑥11
⑦12　⑧12
⑨12　⑩14
⑪12　⑫17
⑬14　⑭11
⑮16　⑯13
⑰15　⑱14

アドバイス　たす数のほうが大きく，10に近い場合のくり上がりのあるたし算です。

1の①のように，計算の仕方は2通りあります。㋐は24回と同じく，たされる数で10を作る加数分解です。㋑は，たす数のほうが10に近いので，たす数のほうで10を作って計算する方法です。例えば「3+9」は，右のように考えて計算します。

3 + 9
2　1　10

この計算の仕方は，たされる数（被加数）を分解して計算することから，「被加数分解」といいます。

計算するときは，どちらで考えてもかまいません。お子さまの考えやすいほうで10を作って計算させましょう。

26 くり上がりの　ある　たしざんの　れんしゅう① 55~56ページ

1 ①14　②12
③11　④11
⑤11　⑥13
⑦11　⑧13

2 ①13　②14
③11　④14
⑤11
⑥13

3 ①12　②11
③12　④15
⑤11　⑥13
⑦13　⑧12
⑨17　⑩12
⑪15　⑫12
⑬12　⑭16
⑮15　⑯16
⑰17　⑱14
⑲15　⑳18
㉑14　㉒16

アドバイス　ここからは，くり上がりのあるたし算の練習です。**1**は加数分解，**2**は被加数分解が向いていますが，強要するものではありません。考えやすい方法で計算させましょう。

27 くり上がりの　ある　たしざんの　れんしゅう② 57~58ページ

1 ①11 ②13 ③12 ④11 ⑤15 ⑥12 ⑦11 ⑧11 ⑨16 ⑩14 ⑪11 ⑫11 ⑬15 ⑭12 ⑮15 ⑯11

2 ①12 ②12 ③15 ④14 ⑤14 ⑥12 ⑦11 ⑧15 ⑨13 ⑩13 ⑪15 ⑫16 ⑬12 ⑭16 ⑮13 ⑯13 ⑰17 ⑱17 ⑲13 ⑳14 ㉑14 ㉒12 ㉓18 ㉔14

アドバイス　例えば**1**の①の「9+2」で，9から数えて「10，11」と数えたしをして答えを求めている場合があります。数えたしは具体物からはなれられず，今後の複雑な計算に対応できなくなるので，早めに10を作って計算する方法へと導いてください。

28 くり上がりの　ある　たしざんの　れんしゅう③ 59~60ページ

1 ①11 ②14 ③17 ④14 ⑤13 ⑥11 ⑦11 ⑧12 ⑨13 ⑩15 ⑪12 ⑫14 ⑬11 ⑭15 ⑮18 ⑯11 ⑰17 ⑱14

2 ①15 ②11 ③12 ④12 ⑤13 ⑥16 ⑦11 ⑧17 ⑨12 ⑩12 ⑪11 ⑫12 ⑬12 ⑭13 ⑮13 ⑯16 ⑰15 ⑱16 ⑲15 ⑳13 ㉑18 ㉒14

アドバイス　例えば「6+7」のような計算では，「5といくつ」と考えて，上のように計算してもかまいません。

6+7
=(5+1)+(5+2)
=(5+5)+(1+2)
=10+3=13

くり上がりのあるたし算は，全部で36通りあります。苦手な計算を減らしていきながら，すべてのたし算を確実にできるようにしておくことが大切です。

29 くり下がりの　ある　ひきざんの　しかた① 61~62ページ

1 ①4 ②3 ③3 ④5 ⑤7 ⑥5

2 ①2 ②4 ③6 ④6 ⑤5 ⑥4 ⑦7 ⑧8 ⑨8 ⑩6 ⑪6 ⑫6 ⑬7 ⑭9 ⑮7 ⑯7 ⑰9 ⑱5

アドバイス　くり下がりのあるひき算の学習です。ここでは，ひく数が5以上の計算です。

まず，計算の仕方をよく理解させましょう。10いくつのいくつからはひけないので，10いくつの10からひき，残った数をたして答えを求めます。この計算の仕方は，ひいてたすことから「減加法」といいます。はじめのうちは，**1**の①の❶～❸のような計算の仕方を声に出していいながら，ブロックを線で囲むなどして計算させると，理解が深まります。

30 くり下がりの　ある　ひきざんの　しかた② 63~64ページ

1 ①9
②8
③8　④9
⑤9　⑥9

2 ①7　②8
③9　④7
⑤8　⑥8
⑦9　⑧8
⑨7　⑩7
⑪8　⑫7
⑬9　⑭8
⑮9　⑯9
⑰7　⑱9

アドバイス　ひかれる数の一の位の数とひく数とのちがいが3以下の場合のくり下がりのあるひき算です。

1の①のように，計算の仕方は2通りあります。㋐は29回と同じく，10からひく減加法です。㋑は，まず10いくつのいくつをひいて10にし，残りを10からひく方法です。この計算の仕方は，ひいてさらにひくことから，「減々法」といいます。どちらでも，考えやすいほうで計算させましょう。

31 くり下がりの　ある　ひきざんの　れんしゅう① 65~66ページ

1 ①3　②5
③4　④5
⑤4　⑥6
⑦6　⑧5

2 ①9　②8
③9
④7
⑤9　⑥7

3 ①3　②8
③4　④9
⑤8　⑥6
⑦8　⑧5
⑨9　⑩7
⑪9　⑫7
⑬9　⑭7
⑮8　⑯6
⑰8　⑱6
⑲9　⑳2
㉑8　㉒7

アドバイス　ここからは，くり下がりのあるひき算の練習です。1は減加法，2は減々法が向いていますが，強要するものではありません。考えやすいほうで計算させましょう。

32 くり下がりの　ある　ひきざんの　れんしゅう② 67~68ページ

1 ①4　②9
③7　④9
⑤4　⑥5
⑦8　⑧2
⑨8　⑩9
⑪6　⑫7
⑬9　⑭7
⑮8
⑯5

2 ①9　②6
③3　④8
⑤9　⑥3
⑦6　⑧7
⑨8　⑩5
⑪6　⑫8
⑬6　⑭9
⑮8　⑯9
⑰5　⑱4
⑲7　⑳7
㉑7　㉒9
㉓7　㉔8

33 くり下がりの　ある　ひきざんの　れんしゅう③ 69~70ページ

1 ①4　②8
③4　④9
⑤7　⑥6
⑦9　⑧5
⑨8　⑩9
⑪8　⑫7
⑬2　⑭3
⑮8　⑯8
⑰5　⑱6

2 ①3　②9
③8　④5
⑤4　⑥9
⑦5　⑧9
⑨7　⑩7
⑪6　⑫7
⑬8　⑭7
⑮4　⑯8
⑰6　⑱8
⑲6　⑳9
㉑9
㉒7

アドバイス　すべてのひき算を確実にできるようにしておくことが大切です。

34 なん十の　たしざんの　しかた　71~72ページ

1 ①70
②50　③70
④100
2 ①40　②80
③60　④90

3 ①50　②60
③80　④100
⑤40　⑥60
⑦50　⑧90
⑨70　⑩90
⑪80　⑫70
⑬80　⑭60
⑮100　⑯100

アドバイス　何十と何十のたし算です。10の束がいくつかと考えると，「5+2」のようなくり上がりのないたし算をもとにして計算できることに気づかせましょう。例えば**1**の①を言葉で表すと，次のようになります。

❶　50は10の束が5個。20は10の束が2個。

❷　50+20は，10の束が5+2で7個。

❸　10の束が7個で70。

1　④は，10の束が「9+1」で10個になります。ここで，10が10個で100と考えられることがポイントになります。

35 なん十の　ひきざんの　しかた　73~74ページ

1 ①40
②20　③60
④50
2 ①30　②30
③20　④50

3 ①20　②30
③20　④80
⑤10　⑥50
⑦40　⑧40
⑨50　⑩10
⑪40　⑫50
⑬70　⑭30
⑮40　⑯70

アドバイス　何十や100から何十をひく計算です。何十のたし算と同様に，10の束がいくつかと考えれば，「6−2」のようなくり下がりのないひき算をもとにして計算できることに気づかせましょう。

1　④のように100からひく場合は，100を10の束10個と考えることがポイントになります。これがわかれば，「100−50」は，10の束が「10−5」で5個だから50と求められます。

36 100までの　かずの　たしざんの　しかた　75~76ページ

1 ①35
②23　③51
2 ①27
②45　③33
④57　⑤66

3 ①34　②25
③76　④69
⑤97　⑥82
4 ①36　②48
③25　④57
⑤67　⑥27
⑦94　⑧48
⑨87　⑩79
⑪69　⑫56

アドバイス　100までの数の構成（何十といくつ）をもとにした，何十や何十いくつに1けたの数をたすたし算です。

1のような，何十に1けたの数をたす計算は，「何十と何で何十何」と，数の構成をもとにして計算できます。

2のような，何十いくつに1けたの数をたす計算は，ばら（端数）だけたして，数の構成をもとにして答えを求めます。棒の図をもとにして，計算の仕方をよく考えさせましょう。

37 100までの　かずの　ひきざんの　しかた　77~78ページ

1 ①30　②50　③20

2 ①32　②22　③45　④53　⑤62

3 ①50　②20　③80　④60　⑤40　⑥70

4 ①43　②35　③22　④57　⑤75　⑥64　⑦43　⑧86　⑨32　⑩91　⑪74　⑫56

アドバイス　何十いくつから1けたの数をひき，何十や何十いくつになる計算です。どれも100までの数の構成をもとにして，36回のたし算と同じように考えて計算します。

38 大きな　かずの　けいさんの　れんしゅう　79~80ページ

1 ①60　②80　③70　④100　⑤30　⑥60　⑦20　⑧60

2 ①43　②85　③58　④69　⑤70　⑥90　⑦31　⑧66

3 ①70　②52　③38　④89　⑤60　⑥63　⑦77　⑧66　⑨90　⑩77　⑪98　⑫100　⑬40　⑭40　⑮73　⑯60　⑰84　⑱30　⑲80　⑳51　㉑20　㉒64　㉓94　㉔20

アドバイス　いろいろな計算が混じっていると，さまざまなまちがいが起こります。1つ1つていねいに計算させ，まちがえた計算は必ずやり直して，正しい答えを求めさせましょう。

39 さんすうパズル　81~82ページ

1

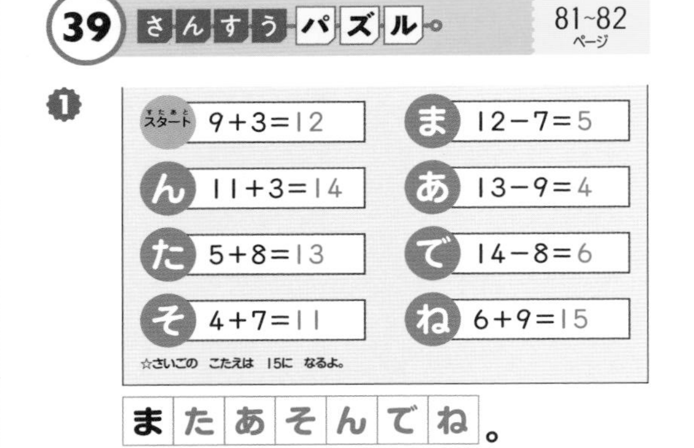

またあそんでね。

2

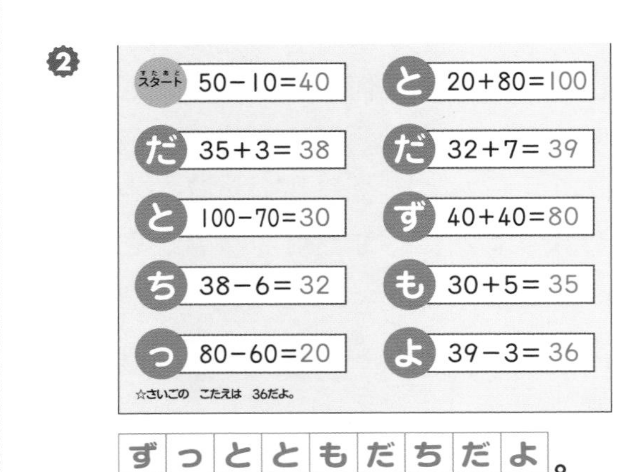

ずっとともだちだよ。

40 まとめテスト　83~84ページ

1 ①7　②10　③8　④4　⑤6　⑥0　⑦16　⑧13

2 ①12　②3　③7　④8

3 ①14　②12　③13　④4　⑤8　⑥7

4 ①70　②100　③60　④40　⑤49　⑥74

5 ①8　②17　③15　④10　⑤1　⑥80　⑦62　⑧13　⑨17　⑩11　⑪10　⑫100　⑬2　⑭7　⑮10　⑯9　⑰8　⑱2　⑲6　⑳7　㉑4　㉒83　㉓30　㉔5　㉕70　㉖8